土木遺産さんぽ

まち歩きで学ぶ
江戸・東京の歴史

阿部 貴弘

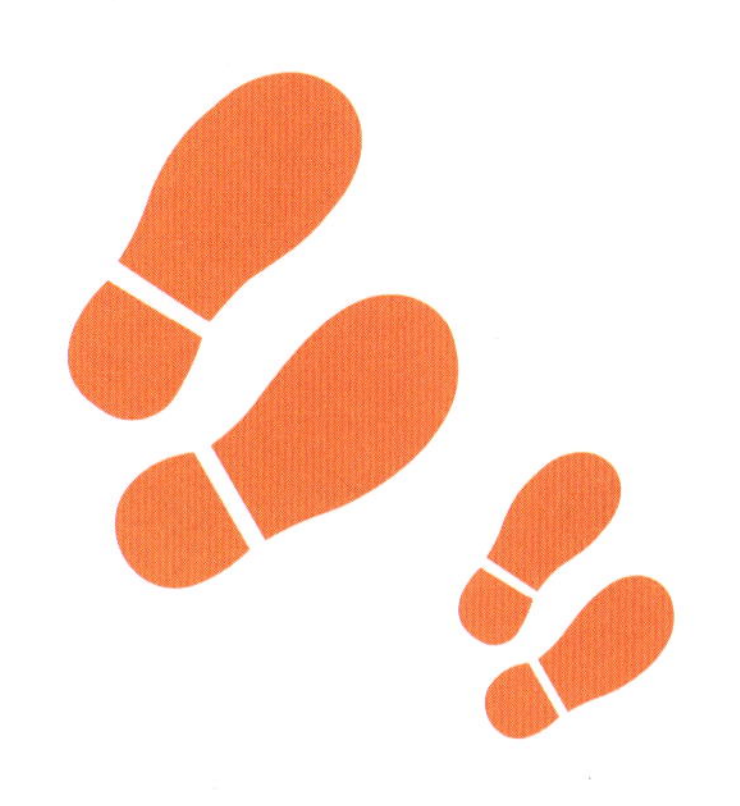

理工図書

はじめに

東京はよく、わかりにくいまちだと言われます。たしかに、街路や河川は複雑に入り組み、地形は起伏に富み、そして途切れることなく延々と市街地が続いています。東京に住んでいても、しばしば道に迷うことがあります。

京都や鎌倉といった古都に比べれば、東京は江戸開府以来、たかだか400年余りの歴史しかありません。しかしその間、江戸・東京はその姿を大きく変えてきました。

1590（天正18）年に徳川家康が入府した当時の江戸は、現在の日比谷から大手町付近まで深く入り込んだ「日比谷入江」と呼ばれる入江と、その東側に、日本橋から新橋付近にかけて半島状にのびた「江戸前島」と呼ばれる波蝕台地からなる、現在とは大きく異なる地形を呈していました。そこで家康は、河川の付け替えや日比谷入江の埋め立てといった大規模な基盤整備を進め、徐々に江戸城下を拡張していきます。こうして築かれた城下町江戸が、現在の首都東京の基盤となっています。明治維新後も、市区改正に始まり、震災復興や戦災復興、そして1964年の東京オリンピックに向けた都市改造、さらにその後もひっきりなしに都内各地で再開発が行われてきました。

こうした、幾重にも積み重ねられた市街地整備のレイヤーが、東京を複雑でわかりにくいまちにしているのかもしれません。けれども、いろいろな経験を積んできた人がしばしば魅力的であるように、重畳するまちのレイヤーが東京の魅力でもあります。その魅力を〝土木遺産〟を通して読み解こうというのが本書のねらいです。

土木遺産は、決して過去の遺物ではありません。先人が、私たちに残してくれた貴重な財産であり、その多くが、今なお現役のインフラとして私たちの暮らしを支え続けています。50年、100年と人々の暮らしを支え続けてきた土木遺産には、まちの履歴や暮らしの記憶が深く刻まれています。そうした土木遺産と向き合うことで、まちを、そして私たちの暮らしをより深く理解することができます。すなわち土木遺産は、日々の暮らしを支えるインフラであるとともに、まちを楽しみ、質の高い暮らしを実現するための貴重なまちづくりの資源でもあるのです。

本書『土木遺産さんぽ』は、個々の土木遺産に関わる技術的な解説にとどまらず、土木遺産を通して見たまちの履歴や暮らしの記憶を紐解いています。「なぜ、そうした施設の建設が必要だったのか?」「その施設が建設されたことで、まちや暮らしがどのように変化したのか?」こうした疑問に答えつつ、複数の土木遺産をおよそ2時間程度の行程で〝見て歩く〟こと、つまり〝さんぽ〟することを想定して各章を構成しています。また、土木遺産に限らず、景観や観光資源などの様々なまちの魅力も紹介しています。

ぜひ、この『土木遺産さんぽ』を手に、ご家族やご友人も誘って、〝さんぽ〟に出かけてみてください。一見何気ない風景の中に、ひっそりとたたずむ土木遺産を見つけた時、まるで探していた宝物に出会ったような喜びを味わうことができるかもしれません。本書が、そうしたまちを楽しむきっかけの一つになれば幸いです。

土木遺産さんぽ ～まち歩きで学ぶ　江戸・東京の歴史～

目次

はじめに

I　都心編

1　日本橋　江戸・東京の中心地を歩く……2
2　四谷・赤坂　江戸城外濠の西縁を歩く……14
3　飯田橋　江戸・東京の交通の要衝を歩く……24
4　神田駿河台　神田川沿いのまちを歩く……36
5　神田上水　江戸の上水跡を歩く……46
6　北の丸公園　江戸城北の丸周辺を歩く……54
7　芝公園　日本最古の公園周辺を歩く……66
8　神宮外苑　東京オリンピックの舞台を歩く……76
9　内藤新宿　甲州街道 内藤新宿を歩く……84
10　新宿西口　新都心を歩く……94
11　築地・月島　江戸・東京のウォーターフロントを歩く……106

Ⅱ　城東・城南・城西編

1　品川　東海道 品川宿を歩く……120
2　千住　日光・奥州街道 千住宿を歩く……128
3　上野　東京の北の玄関口を歩く……140
4　浅草・押上　隅田川河畔の観光拠点を歩く……152
5　両国・浅草橋　隅田川両岸をつなぐまちを歩く……164
6　深川　掘割運河のめぐるまちを歩く……176
7　柴又　江戸川河畔の観光拠点を歩く……186
8　中野　変化を続ける西郊のまちを歩く……196

Ⅲ　近郊編

1　青梅　青梅宿と多摩川沿いを歩く……208
2　川崎　東海道 川崎宿周辺を歩く……218
3　横浜　近代の港町を歩く……226

おわりに

I 都心編

1 日本橋（にほんばし）
～江戸・東京の中心地を歩く～

土木遺産さんぽのはじまりは、400年以上の長きにわたり、江戸・東京の中心地であり続ける日本橋です。日本橋は、おそらく日本で最も有名な橋梁といえるでしょう。その橋名は、周辺地域の地名としても定着しています。

日本橋の架橋は、江戸初期にさかのぼります。江戸時代の絵図や浮世絵には、多くの人々で賑わう日本橋とその周辺のまちの様子が描かれています。令和の現在、日本橋周辺を訪れると、街並みこそ一変したものの、いまなお往時の賑わいを受け継いでいることがわかります。

江戸・東京の中心地であり続ける日本橋周辺には、その多様なイメージが物語るように、実に様々な歴史が刻まれています。日本橋を起点に、そうした歴史を物語る土木遺産を見て歩きましょう。

日本橋の成り立ち

1603（慶長8）年、徳川家康は江戸に幕府を開くと天下普請を発令し、諸国の大名に命じて江戸城とその城下町の建設を加速させます。内濠や外濠を築いて城郭を整え、日比谷入江を埋め立てて市街を開き、日本橋川をはじめとして市街をめぐらす掘割運河を開削し、〝水都〟とも称される城下町江戸

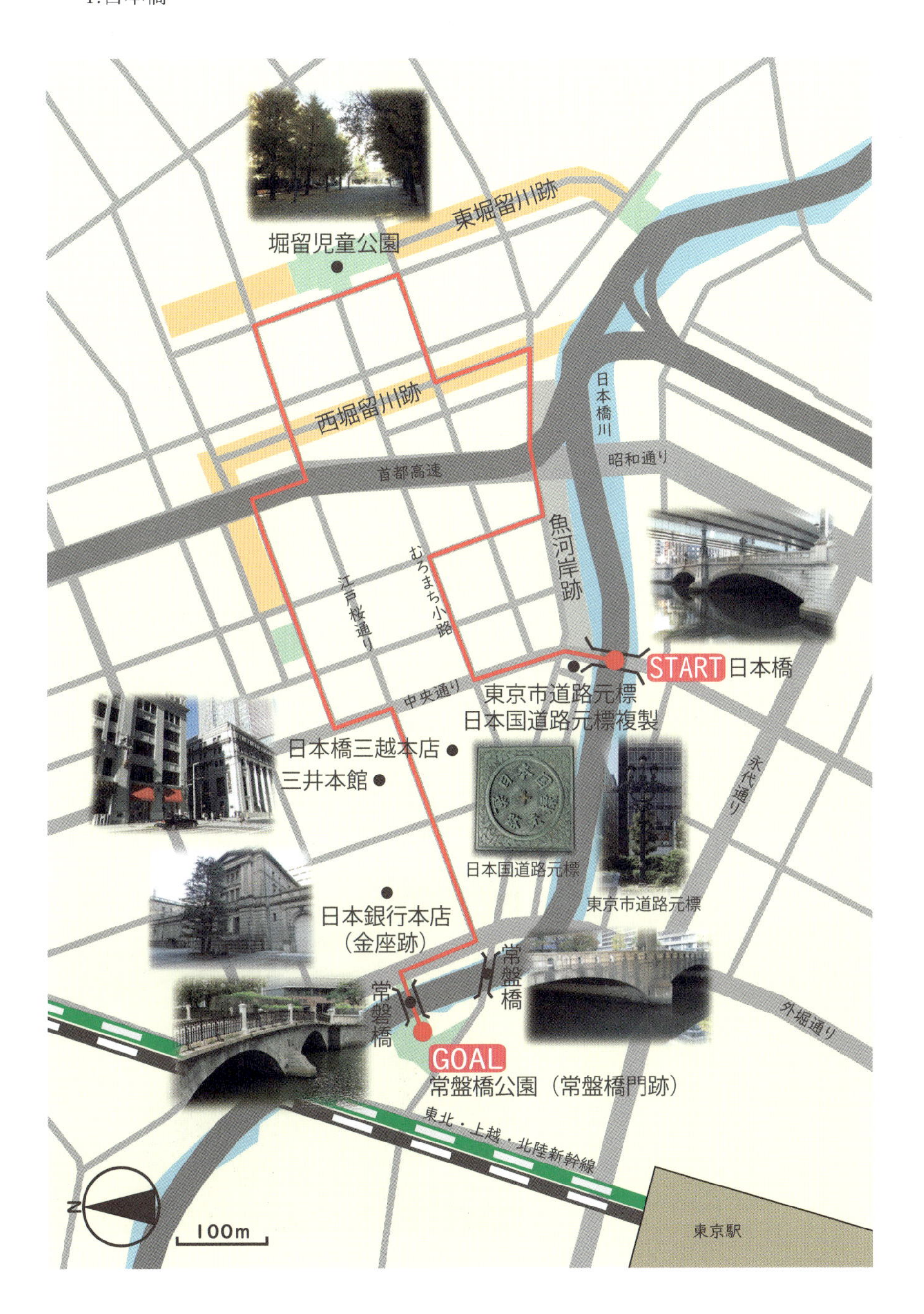
東堀留川跡
堀留児童公園
西堀留川跡
首都高速
日本橋川
昭和通り
魚河岸跡
むろまち小路
江戸桜通り
中央通り
START 日本橋
東京市道路元標
日本国道路元標複製
日本橋三越本店
三井本館
日本国道路元標
東京市道路元標
永代通り
日本銀行本店
（金座跡）
常盤橋
常磐橋
GOAL
常盤橋公園（常盤橋門跡）
外堀通り
東北・上越・北陸新幹線
東京駅
N
100m

の骨格を形作っていきました。さらに、江戸を中心とする全国の街道網の整備にも着手し、1604（慶長9）年に五街道の起点として「日本橋」を位置付けました。

初代日本橋の架橋年次には諸説ありますが、街道の起点として位置付けられる以前の1603（慶長8）年に架橋されたとする説をとるのが素直かもしれません。江戸時代の数々の絵図や浮世絵に描かれているように、五街道の起点、そして舟運（しゅううん）と陸運が交わる物流の拠点であった日本橋には、実に多くの人々が往来していました。また、都市内舟運の幹線ともいえる日本橋川には、物や人を運ぶ多数の船が行き交っていました。

江戸時代の日本橋は木造橋梁で、架橋以来たび重なる大火で焼失し、幾度も架け替えが行われました。そして、20代目にして初めて石造で架橋されたのが、1911（明治44）年4月3日に開橋した現在の日本橋です。

橋長49・0m、橋幅27・3m、花崗岩（かこうがん）を用いた石造2連※アーチ構造の現在の日本橋（写真1）は、土木技術者と建築家のコラボレーションにより設計されました。構造設計を担当したのは、東京市（当時）の橋梁課長の樺島正義（かばしままさよし）と主任技師の米本晋一（よねもとしんいち）の2人の土木技術者です。一方、意匠や装飾を担当したのは、横浜の赤レンガ倉庫を設計したことでも知られる建築家の妻木頼黄（つまきよりなか）と彫刻家の渡辺長男（わたなべおさお）です。首都

写真1　現在の日本橋

東京、さらに言えば日本を代表する橋梁を架けるため、土木や建築といった分野の壁を越えて、当時の技術の粋が集められたのです。

五街道の起点であった日本橋は、その後、国道の起点にも定められました。それを示すのが、2つの道路元標「東京市道路元標」と「日本国道路元標」です。

写真2　移設された東京市道路元標

東京市道路元標（写真2）は、現在、日本橋の橋詰※に移設されています。もともと東京市道路元標は、日本橋を通っていた路面電車の架線柱を兼ねた照明柱でしたが、路面電車の廃止に伴い、1972（昭和47）年に現在の位置に移設されました。この時、東京市道路元標のあった場所、つまり日本橋の中央に、真鍮板の日本国道路元標が埋め込まれたのです。

日本国道路元標は、現在も日本橋の中央に埋め込まれていますが、4車線の車道の中央に位置するため、普段は近くで見ることができません。そこで、移設された東京市道路元標の隣に、日本国道路元標の複製（写真3）が設置されていますので、どうぞこちらをご覧ください。

現在の日本橋は、1923（大正12）年の関東大震災の際に青銅製の照明灯や高欄※などが破損しましたが、1928（昭和3）年には破損個所の復旧工事が行われました。この震災では、日本

写真3　日本国道路元標の複製

写真4　日本橋の歩道に残る焼夷弾の跡

橋の躯体※自体に大きな被害はありませんでしたが、橋の下で船が炎上したため、橋の裏面にはいまだにその焼け跡が残っていると言われています。さらに、第二次世界大戦の際には、1944（昭和19）年の東京大空襲で橋上に焼夷弾（しょういだん）が落とされ、現在でも歩道の舗装にその痕跡を確認することができます（写真4）。

こうした幾多の苦難を乗り越えてきた日本橋は、技術的・意匠的に優れた明治期を代表する石造アーチ橋※であるとして、1999（平成11）年に国の重要文化財に指定されました。さらに、開橋100年を迎えるにあたり、2010（平成22）年から2011（平成23）年にかけて大規模な補修工事が行われ、新たな100年に向けて再スタートを切ったのです。

ところで、日本橋と日本橋川の直上には、首都高速道路の高架橋がまるで蓋をするかのように架けられています（写真5）。これは、1964（昭和39）年の東京オリンピック開催に向けて建設されたもので、開催に間に合わせるという時間的な制約がある中で、日本橋と日本橋川の直上に架橋する選択肢が取られた結果です。おそらく、当

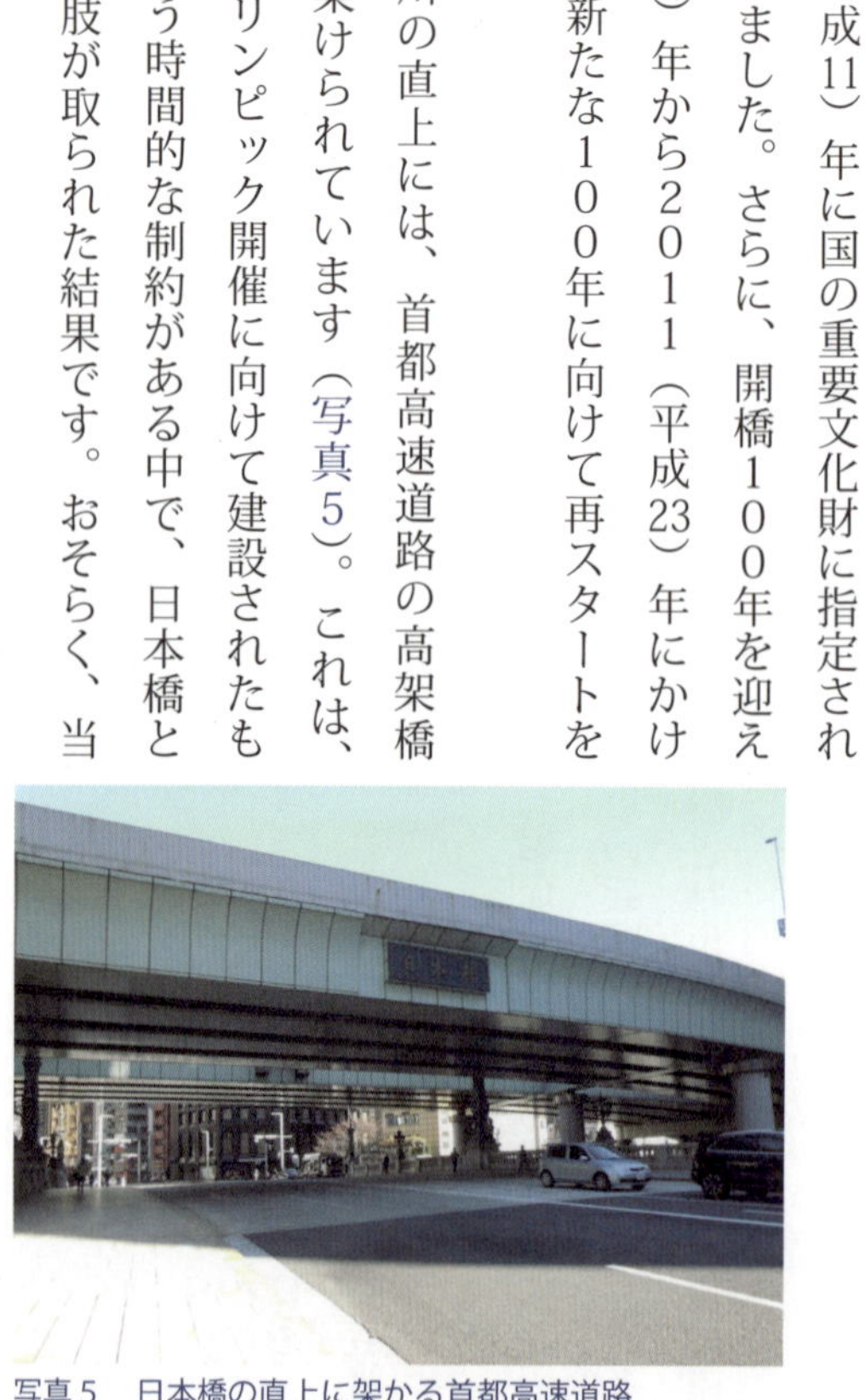
写真5　日本橋の直上に架かる首都高速道路

時の技術者等が議論に議論を重ね、知恵を絞りに絞ったうえで、この結論に至ったのでしょう。

現在、日本橋直上の首都高速道路を地下化するプロジェクトが進行中です。完成はしばらく先になるでしょうが、後世に恥じぬプロジェクトとなるよう、しっかりと知恵を絞らなければなりませんね。

※連（橋梁）：構造形式が異なる、または伸縮装置や目地等により縁の切れた橋梁の数を数える単位のこと。
※橋詰・橋詰広場：橋詰は、橋のたもとのこと。橋詰広場は、橋詰に設けられた広場のこと。
※高欄：通行する人や車両が転落しないよう、橋梁の側辺に設置される柵状の工作物のこと。欄干ともいう。
※躯体：建造物の主要な構造部分のこと。
※アーチ橋：主桁がアーチ構造の橋梁のこと。

江戸の賑わいを今に伝える室町と東西堀留川（ほりどめがわ）跡

日本橋の北、かつて日本橋通りと呼ばれていた現在の中央通りの東側に、「日本橋室町（むろまち）」と呼ばれる一角があります。壮麗な建築物が建ち並ぶ中央通りとは異なり、室町に一歩足を踏み入れると、比較的規模の小さい建築物が建ち並ぶ、ヒューマンスケール※で活気にあふれた商店街が広がります（写真6）。それもそのはず、かつてこの一帯には魚市場が開かれ、江戸・東京の台所とも呼ばれた庶民の集まる商業地だったのです。

江戸時代の物流の基幹は、舟を使った舟運でした。そうした舟運

写真6　室町の街並み

と陸運の結節点、つまり船荷を積み下ろしする場所を「河岸（かし）」と呼びます。江戸時代、日本橋の北東岸、つまり室町の日本橋川沿いは「魚河岸（うおがし）」と呼ばれていました。将軍家に献上する魚介類はここで荷揚げされ、その残りを庶民に提供するため、まず本小田原町に魚市場が開設されました。その後、魚市場の規模は拡大し、現在の室町一帯へと広がっていったのです。

実はこの魚市場は、明治以降もこの地で開かれ続けました。しかし、1923（大正12）年の関東大震災で壊滅的な被害を受け、現在の築地に移転されました。その築地市場も、豊洲へと移転されましたね。

さて、この室町一帯は、魚介類以外にも様々な物資の集積地でした。そうした物流を支えたのは、かつて日本橋川から引き込まれていた2本の堀留川、「東堀留川」と「西堀留川」です。堀留とは堀を掘った際の行き止まりを指しますが、この堀留川は、もともとここへ注いでいた河川を埋め立てる際、その河口部を埋め残したものだと言われています。

明治に入ると、舟運から鉄道等の陸運へと物流の基幹がシフトし、舟運路は徐々にその機能を失っていきました。江戸の物流を支えた東西の堀留川もその例外ではなく、西堀留川は、1923（大正12）年の関東大震災の焼土と瓦礫（がれき）により1928（昭和3）年までに、東堀留川は戦災の瓦礫により1949（昭和24）年までに埋め立てられました。

写真7　堀留児童公園

しかし現在でも、これらの堀留川の痕跡は、街路網を丹念に観察することで読み取ることができます。また、東堀留川の跡地には堀留児童公園が開設され、土地の記憶を継承しています（写真7）。

※ヒューマンスケール：物の大きさや空間の規模を人の体や体の一部分を尺度にして考えること。また、人の感覚等に適した物の大きさや空間の規模のこと。

駿河町（するがちょう）と三井越後屋呉服店

写真８　三井本館（右）と日本橋三越本店（左）

日本橋通りを挟んで室町と反対側には、かつて「駿河町」と呼ばれた町がありました。現在、いずれも国の重要文化財に指定されている三井本館と日本橋三越本店（写真8）に挟まれた通りが、かつて駿河町のあった通りです。

江戸時代の駿河町には、三越の前身にあたる三井越後屋呉服店が暖簾（のれん）を連ね、たいへんな賑わいを誇っていました。駿河町という町名の由来は、駿河の国の人々が町を開いたからとも、通りから駿河の国の富士山が見えたからとも言われています。当時の駿河町のまちなみは、富士山の眺望とともに、江戸時代の数々の絵図や浮世絵に描かれています。

現在、駿河町のあった通りは「江戸桜通り」と呼ばれ、往時の賑わいこそ見られないものの、荘厳な歴史的建造物が並ぶ落ち着いた雰囲気の通りとなっています（写真9）。

写真9　江戸桜通り

金座と日本銀行

話は変わりますが、江戸時代、徳川幕府は、金貨、銀貨、銭貨の三貨による貨幣制度を確立しました。それぞれ、金貨は金座、銀貨は銀座、銭貨は銭座で鋳造され、このうち「金座」があったのが、先ほどの江戸桜通り沿い、現在の「日本銀行」の敷地です。

1596（慶長元）年頃、徳川家康の命で後藤家が本町1丁目（現在の日本橋本石町（ほんごくちょう））に屋敷を構え、金貨を鋳造し始めたことが金座の始まりといわれています。金座は、勘定奉行の支配下に置かれ、金貨の鋳造、鑑定、発行等を行っていました。

明治に入ると、1869（明治2）年の造幣局の設置に伴い、金座は廃止されます。そして、この金座の跡地に建設されたのが、

写真10　日本銀行本店

現在の日本銀行です（写真10）。

日本銀行は、1882（明治15）年6月の日本銀行条例制定を受け、同年10月10日に開業しました。開業当時の日本銀行は、現在の日本橋箱崎町（はこざきちょう）にありましたが、1896（明治29）年4月に金座の跡地に移転してきたのです。この時建てられた日本銀行本店は、東京駅の設計で知られる辰野金吾（たつのきんご）の設計によるもので、この建物は1974（昭和49）年に国の重要文化財に指定されました。

写真11　常磐橋（上流左岸側から。奥に見えるのが常盤橋門の石垣）

二本のトキワ橋

日本銀行の西側を流れる日本橋川には、2本のトキワ橋が架けられています。部首の異なる2つの漢字で表される、石の「常磐橋」（写真11）と皿の「常盤橋」（写真12）です。

江戸時代、金座の西側には、江戸城の城門の一つ「常盤橋門」が設けられていました。常盤橋門は、江戸城の正門である大手門

写真12　常盤橋

に向かう外郭（がいかく）正門として1629（寛永6）年に設置され、田安門、神田橋門、半蔵門、外桜田門とともに江戸五口の一つに数えられる重要な城門でした。また、中世以来の主要拠点である浅草と江戸を結ぶ街道へと通ずる城門としても、重要な役割を担っていました。明治に入り、常盤橋門は廃止されますが、その跡地には見附（みつけ）の土手や石垣の一部が残され、1928（昭和3）年に「常盤橋門跡」として国の史跡に指定されました。現在、この史跡周辺は常盤橋公園として整備されています。そして、この常盤橋公園、すなわちかつての常盤橋門から日本橋川の対岸へと渡している橋梁が「常磐橋」です。

話は少しややこしくなるのですが、江戸時代、常盤橋門と対岸を結んでいたのは、常盤橋と呼ばれる木造橋でした。明治に入ると、萬世（まんせい）橋や鍛治橋、呉服橋とともに、常盤橋も旧式の木造橋から石造橋へ架け替えられることになります。当時の東京府により架け替えが行われ、1877（明治10）年、橋長28・8m、橋幅12・6m、石造2連アーチ構造の現在の常磐橋が竣工しました。常磐橋は、都内に現存する最古の石造橋で、伝統的な日本の石造技術を基盤としつつも、西洋の手法や意匠を取り入れた、近代石造橋の先駆けともなる和洋折衷様式を特徴としています。

さて、常磐橋の下流には、もう1本の常盤橋が架けられています。こちらの常盤橋は、関東大震災の復興事業の一環で架橋されたいわゆる震災復興橋梁※で、1926（昭和元）年に竣工しました。常磐橋と比較すると、2連のアーチ構造は踏襲されていますが、実は常盤橋は石造ではなく鉄筋コンクリート構造で、また、橋長38・6m、橋幅27・0mと常磐橋よりもひと回り規模が大きく、車両交通も賄うことができます。一方、先輩格の常磐橋の意匠への配慮なのでしょう、常盤橋の表面には石張りが施され、コンクリート橋ではありますが、常磐橋のような石橋の雰囲気を醸し出しています。

城門があることからもわかるように、常磐橋を渡ると、そこはもう江戸城内です。

日本橋に始まり、室町、駿河町、金座、常磐橋と、土木遺産やまちの履歴に触れながら、江戸・東京の中心地をぐるりとめぐりました。ここまで紹介したように、400年の歴史を反映して、日本橋周辺には、わずか500m四方の範囲に、実に様々な歴史が詰まっています。紹介しつくせなかったことも少なくありませんが、ここで取り上げた土木遺産やまちの履歴が、日本橋とその周辺をより深く知る糸口となれば幸いです。

※震災復興橋梁：1923(大正12)年に発生した関東大震災の復興事業によって建設された橋梁のこと。

〈参考文献〉

阿部貴弘・篠原修：「近世城下町大坂、江戸の町人地における城下町設計の論理」、土木学会論文集D2(土木史)、Vol.68, pp.69-81, 土木学会、2012
阿部貴弘：「湊と河岸」、『みるよむあるく東京の歴史2』、吉川弘文館、2017
伊東孝：『東京の橋―水辺の都市景観』、鹿島出版会、1986
清水英範・布施孝志：『再現　江戸の景観　広重・北斎に描かれた江戸、描かれなかった江戸』、鹿島出版会、2009
鈴木理生：『江戸・東京の地理と地名』、日本実業出版社、2006
松村博：『江戸の橋～制度と技術の歴史的変遷～』、鹿島出版会、2007

2 四谷・赤坂（よつや・あかさか）

～江戸城外濠の西縁を歩く～

江戸城にはかつて、36か所の見附があったと言われています。見附とは、城門警固のための見張り場所のことで、城郭の要所に設置されました。現在でも、この〝見附〟の名残を地名にとどめているのが、江戸城外濠に置かれた「四谷見附」と「赤坂見附」です。

見附が設置された城門は、城郭の内外をつなぐ交通の要衝（ようしょう）でした。その周辺には、近世の街道や近代の鉄道といった交通関連の土木遺産をはじめとして、実に多様な土木遺産が集積しています。

四谷見附から赤坂見附まで、反時計回りに、江戸城外濠（そとぼり）の西縁周辺に積層する土木遺産を見て歩きましょう。

四谷見附と四谷見附橋

現在の国道20号にあたる江戸五街道の1つ「甲州街道」は、日本橋から四谷門を抜け、内藤新宿をはじめとする各地の宿場を経て甲府へと通じていました。四谷見附は、まさしく甲州街道の江戸城への出入り口である「四谷門」に置かれていました。

1636（寛永13）年に築造された四谷門は、方形の空間を石垣で囲む形式のいわゆる枡形門（ますがた）※でし

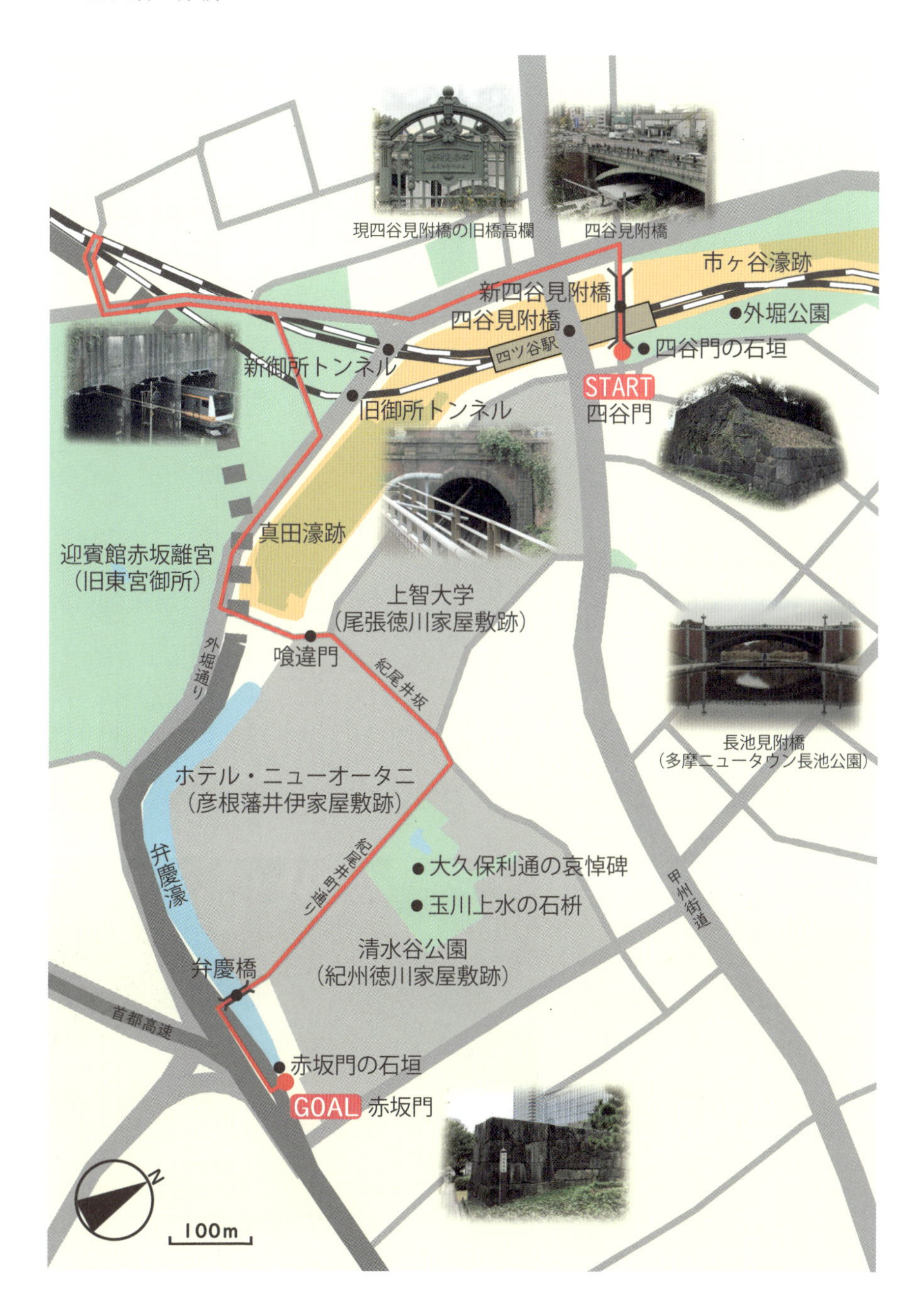
現四谷見附橋の旧橋高欄
四谷見附橋
市ヶ谷濠跡
新四谷見附橋
●外堀公園
四谷見附橋
四ツ谷駅
●四谷門の石垣
新御所トンネル
START
四谷門
旧御所トンネル
真田濠跡
迎賓館赤坂離宮
(旧東宮御所)
上智大学
(尾張徳川家屋敷跡)
外堀通り
喰違門
紀尾井坂
長池見附橋
(多摩ニュータウン長池公園)
ホテル・ニューオータニ
(彦根藩井伊家屋敷跡)
弁慶濠
紀尾井町通り
●大久保利通の哀悼碑
●玉川上水の石枡
甲州街道
清水谷公園
(紀州徳川家屋敷跡)
弁慶橋
首都高速
●赤坂門の石垣
GOAL 赤坂門
N
100m

たが、明治維新後の１８７２（明治５）年に枡形石垣に渡されていた渡櫓が撤去され、さらに１８９９（明治32）年には枡形石垣の一部も撤去されました。枡形を形作っていた石垣のうち、南側の石垣はＪＲ東日本四ツ谷駅の麹町口駅舎の下部に保存されており、わずかに往時の面影を偲ぶのみですが、北側の石垣はよく見える状態で現存しています（写真１）。

かつて四谷門の門前には、外濠を渡す土橋が架けられていました。現在、この土橋の位置には、１９２５（大正14）年竣工の震災復興橋梁「新四谷見附橋」が架けられています。一方、現在の国道20号（新宿通り）は、新四谷見附橋の南側を通っています。江戸時代の甲州街道は、四谷門から現在の新四谷見附橋の位置で外濠を渡り、いったん南に折れて、その後現在の国道20号の位置で西へと右折して内藤新宿へ向かっていました。明治に入ると、こうしたカギ型の道筋では交通上支障があることから、甲州街道が屈折することなく外濠を渡ることができるよう、１９１３（大正２）年に現在の位置に「四谷見附橋」が架橋されました。

写真１　四谷門の石垣

全長３８・６ｍ、幅員２２ｍ、鋼アーチ形式の四谷見附橋には、近接する「東宮御所」（現在の迎賓館赤坂離宮）に配慮して、ネオ・バロック様式の装飾が施されました。その後、四谷見附橋は、甲州街道の拡幅に伴い、1991（平成3）年に現在の四谷見附橋（全長44・4m、幅員40m、鋼アーチ状方杖（ほうづえ）ラーメン※）（写真2）に架け替えられました。現在の四谷見附橋は、旧橋の親柱※や高欄、照明等を再利用するなど、その意匠を継承しています（写真3）。なお、架け替えられた旧四谷見附橋は、現在は「長池見附橋」（写真4）として、多摩ニュータウンの長池公園に移設されています。

こうして、新、旧、現役（?）の3本の四谷見附橋が現存することになったのです。

写真2　現在の四谷見附橋

写真3　現在の四谷見附橋に使われている旧橋の高欄

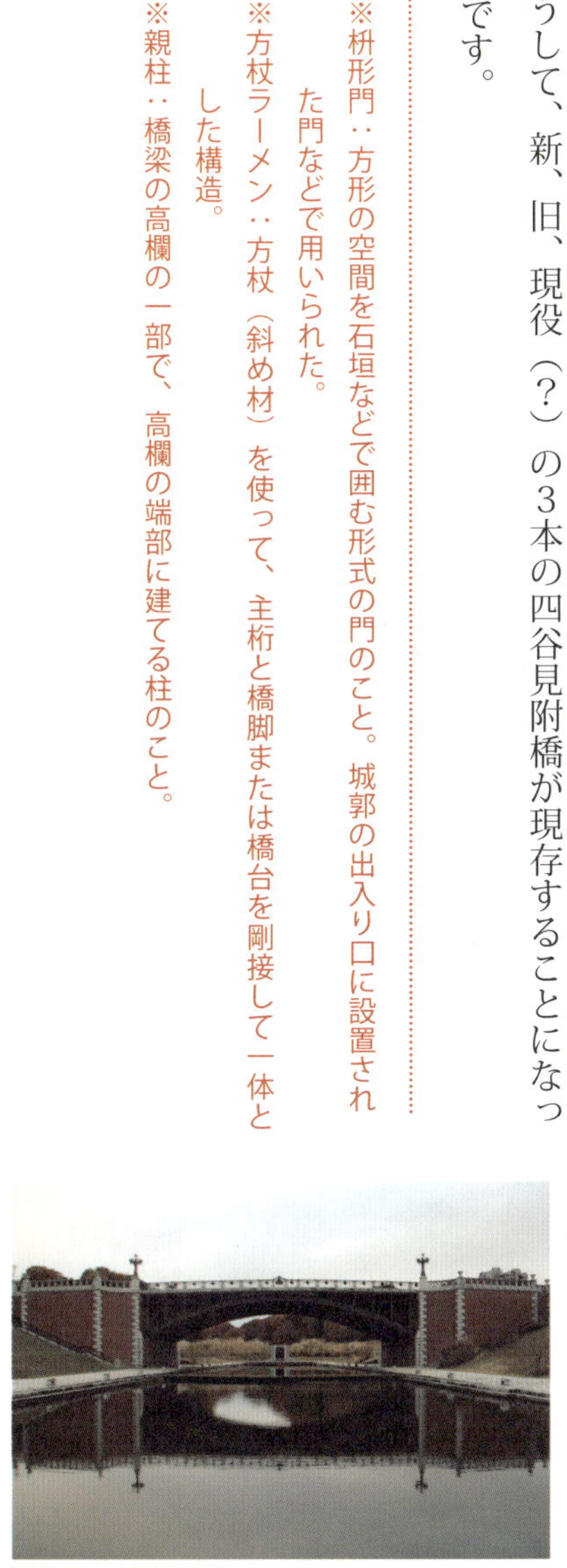
写真4　長池見附橋

※枡形門：方形の空間を石垣などで囲む形式の門のこと。城郭の出入り口に設置された門などで用いられた。
※方杖ラーメン：方杖（斜め材）を使って、主桁と橋脚または橋台を剛接して一体とした構造。
※親柱：橋梁の高欄の一部で、高欄の端部に建てる柱のこと。

甲武鉄道と御所トンネル

四谷見附橋が渡る江戸城外濠は、１６０４（慶長9）年から１６３６（寛永13）年にかけて行われた江戸城天下普請により築造されました。このうち江戸城西側の外濠は、武蔵野台地縁辺部の複雑に入り組む自然地形（谷筋）を巧みに利用しつつも、大規模な掘削や埋め立てを伴う難工事の末に完成しました。これらの外濠は、土橋によりいくつかの水面に区切られ、かつての四谷見附橋（土橋）とその南の喰違土橋の間の「真田濠」を最高所として、あたかも棚田のように階段状に標高差が設けられました。

四谷見附橋の南側の真田濠は、第二次大戦後の灰燼処理のために埋め立てられ、現在は上智大学のグラウンドとなっています。一方、四谷見附橋の北側の「市ヶ谷濠」は、１８９４（明治27）年にＪＲ東日本中央線の前身にあたる甲武鉄道の敷設に伴い一部が埋め立てられ、さらに１９２９（昭和４）年の中央線の複々線化に伴いほぼ南半分が埋め立てられ、現在は「外濠公園」として利用されています。

新宿～牛込間の甲武鉄道敷設にあたり、外濠沿いには4か所のトンネルが建設されました。そのうち唯一現存しているのが、四ツ谷駅から新宿方面に向かってすぐのところにある「御所トンネル」です。

御所トンネルは、その名が示すように、かつての東宮御所の敷地を通過しています。１８９４（明治27）年に竣工した御所トンネルは、延長約２９０ｍ、一部に石材を用いたレンガ造の馬蹄形断面で、土被りが薄いことから、開削工法※により施工されました。当時としてはめずらしい複線断面で設計され、しばらくは複線で運用されていましたが、車両の大型化を背景として、１９２９（昭和４）年の中央線の複々線化に伴い、単線使用に変更されました。御所トンネルの坑門※は、レンガと切石による重厚な

写真５　旧御所トンネルの坑門（四谷側）

意匠を誇っており、その姿は現在でも中央総武緩行線（かんこうせん）（黄色い電車）の下り線四谷側の坑門に見ることができます（写真５）。

この御所トンネルの西側には、三線の単線断面のトンネルが並走しています。１９２９（昭和４）年の中央線の複々線化に伴い建設された「新御所トンネル」（写真６）です。新御所トンネルが建設されたことで、最初の御所トンネルは旧御所トンネルと呼ばれるようになりました。新御所トンネルは、旧御所トンネルとは異なる鉄筋コンクリート造の箱型断面ですが、工法は旧御所トンネルと同じ開削工法が採用されました。

こうした材料や構造、意匠が異なる新旧の御所トンネルが並走する姿から、当時の建設技術や材料の変遷を読み取ることができます。

なお、新御所トンネルの建設にあわせて、旧御所トンネルも新宿側に延伸され、この時、旧御所トンネルの新宿側の坑門も、新御所トンネルの坑門と同様のコンクリート造箱型の意匠に改修されました（写真７）。これらの新旧の御所トンネルは、東京メトロ丸ノ内線の新宿方面ホームからも見下ろすことができます。

写真６　新御所トンネルの坑門（四谷側）

写真7　新旧の御所トンネル（新宿側）（右端が旧御所トンネル）

※開削工法：地表面から一定の深さに開削して、その後上部を埋め戻してトンネルを造る方法のこと。
※坑門：トンネルの入口の構えのこと。

喰違見附と紀尾井坂

右手に迎賓館、左手に真田濠を見ながら外堀通りをしばらく進むと、「喰違土橋」に行き着きます。喰違土橋は、真田濠と弁慶濠を隔てる土橋です。真田濠は埋め立てられましたが、弁慶濠は一部に首都高速が通るものの大きな改変は免れ、往時の面影を残しています。

喰違土橋を渡った先の「喰違門」は、その名の通り土塁を互い違いに組み合わせた城門で、ここにも見附が置かれていました。喰違門は、江戸城の他の城門とは異なり、石垣は用いられず土塁のみで構成されていました。明治以降、道路線形を整えるために土塁の一部が改変されましたが、現在でもかつての城門の姿を留めています（写真8）。

写真8　現在の喰違門

喰違門を抜けると、右手にホテル・ニューオータニ（彦根藩井伊家屋敷跡）、左手に上智大学（尾張徳川家屋敷跡）が見えてきます。その間に延びる下り坂が「紀尾井坂」（写真9）です。紀尾井坂の坂名は、江戸時代、沿道に紀州徳川家、尾張徳川家、彦根藩井伊家の屋敷があったことに由来します。

紀尾井坂は、1878（明治11）年に当時の内務卿大久保利通が暗殺された場所としても知られており、紀尾井坂下を右折してすぐ左手の「清水谷公園」（紀州徳川家屋敷跡）には、大久保利通の業績をたたえる哀悼碑（写真10）が置かれています。このほか、清水谷公園には、国道20号（麹町大通り）の拡幅の際に出土した「玉川上水」の石枡（写真11）も置かれています。

写真9　紀尾井坂

写真10　大久保利通の哀悼碑

写真11　玉川上水の石枡

弁慶橋と赤坂見附

清水谷公園の前の道を南へ進むと、「弁慶橋」が「弁慶濠」を渡しています。実は、江戸時代には、現在の弁慶橋の位置に橋梁は渡されていませんでした。江戸時代の弁慶橋は、現在の千代田区岩本町二丁目、かつての松枝町と岩本町との間に流れていた藍染川に架かる橋梁でした。江戸城の普請にも従事した大工棟梁の弁慶小左衛門が架橋したことから、弁慶橋と名付けられたと言われています。

その後、１８８５（明治18）年に藍染川の弁慶橋が廃橋となったことから、その旧材を利用して、１８８９（明治22）年に外濠を渡す現在の位置に新たに架橋され、旧橋名を継承して弁慶橋と名付けられました。ちなみに、弁慶濠の濠名は、この弁慶橋に由来するとも言われています。なお、現在の弁慶橋は、１９８５（昭和60）年に架け替えられたコンクリート橋です。

写真 12　赤坂門の石垣（弁慶濠側）

現在の弁慶橋の橋上から東を眺めると、弁慶濠の正面にそびえる石垣（写真12）が目に飛び込んできます。周辺の高層ビルや首都高速の高架橋にも引けを取らない存在感を誇るこの石垣は、「赤坂門」の枡形石垣の一部です。赤坂門は、弁慶濠と溜池の境に設けられた江戸城の城門で、大山街道の起点となっていました。

赤坂門は、江戸城の城門のなかでもひときわ優れた造りであるとされていましたが、明治維新後の

1871（明治4）年に渡櫓が撤去され、さらに1897（明治30）年に枡形石垣の大部分が撤去されました。赤坂門にも見附が置かれていましたが、その記憶は遺された枡形石垣の一部（写真13）とともに、「赤坂見附」として東京メトロの駅名や近傍の交差点名に受け継がれています。

四谷見附から赤坂見附まで、わずか2㎞弱の道のりですが、その沿道には、城門や石垣、濠、橋梁、街道、鉄道、トンネルなど、近世から現代にかけて建設された実に多様な土木遺産が積層しています。さらに、その多くは、いまなお現役施設として私たちの暮らしを支え続けています。

そうした身近な土木遺産の成り立ちや、それらにまつわる物語を知ることで、日々の暮らしで見慣れた、もしかすると少し味気なく感じていた風景すら、滋味豊かに感じられるようになるのではないでしょうか。

〈参考文献〉

小野田滋：『東京鉄道遺産』、講談社、2013
鈴木理生：『江戸・東京の地理と地名』、日本実業出版社、2006
千代田区教育委員会編：『史跡江戸城外堀跡保存管理計画書』千代田区・港区・新宿区、2008

写真13　赤坂見附跡

3 飯田橋（いいだばし）
～江戸・東京の交通の要衝を歩く～

ＪＲ東日本中央線の東京駅と新宿駅のほぼ中間、江戸城外濠と神田川の合流点付近に「飯田橋駅」があります。かつての花街、現在は老舗やおしゃれなレストランが立ち並ぶ「神楽坂（かぐらざか）」の玄関口と説明すれば、通りが良いかもしれません。

実は、あまり知られていないことですが、この飯田橋駅周辺は、江戸時代から現在に至るまで、交通の要衝として、江戸・東京の発展を支え続けてきたのです。そうした、まちの履歴を色濃く反映した土木遺産を見て歩きましょう。

飯田橋の地名の由来と飯田橋駅の成り立ち

飯田橋の地名の由来は、徳川家康の江戸入りまで遡（さかのぼ）ります。１５９０（天正18）年に江戸入りした家康が、現在の飯田橋周辺を巡視した際、案内役を務めたのが飯田喜兵衛という人物でした。この人物の姓にちなんで、一帯は「飯田町」と呼ばれるようになりました。中央線の前身である甲武鉄道が、１８９５（明治28）年に開設した駅の駅名も「飯田町駅」でした。

その後、１９０３（明治36）年に、江戸城外濠と神田川の合流点に橋が架けられました。その橋名が、

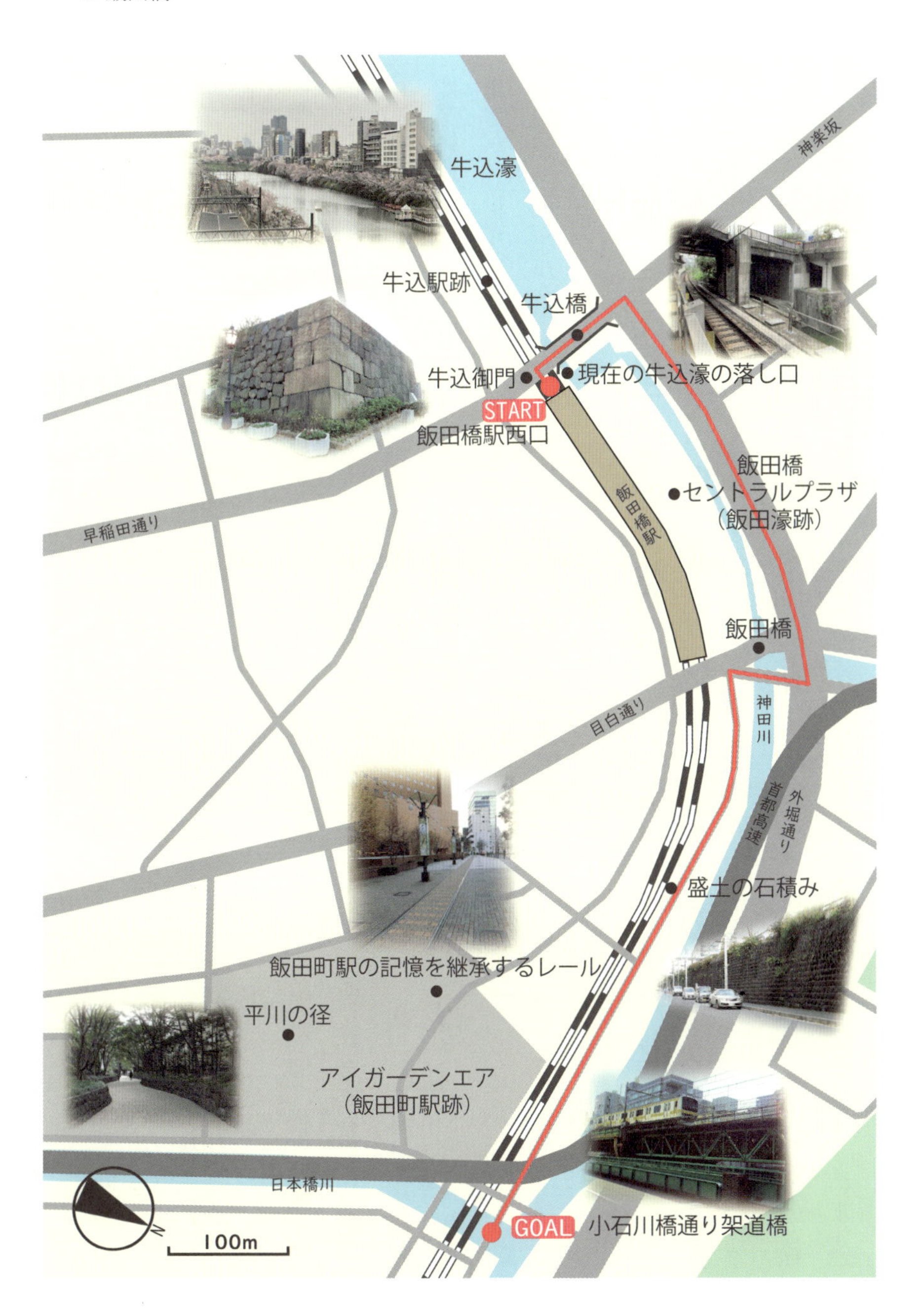
牛込濠
神楽坂
牛込駅跡
牛込橋
牛込御門
現在の牛込濠の落し口
START
飯田橋駅西口
飯田橋駅
飯田橋
セントラルプラザ
(飯田濠跡)
早稲田通り
飯田橋
目白通り
神田川
首都高速
外堀通り
盛土の石積み
飯田町駅の記憶を継承するレール
平川の径
アイガーデンエア
(飯田町駅跡)
日本橋川
GOAL
小石川橋通り架道橋
100m

まさしく「飯田橋」だったのです。そして、この橋名が、駅名や町名として現在に受け継がれているのです。

ここで、「飯田橋駅」の成り立ちに触れておきましょう。飯田橋駅が開業したのは、1928（昭和3）年のことです。それ以前、飯田橋駅の新宿寄り（南西側）には1894（明治27）年開業の「牛込駅」、東京寄り（東側）には1895（明治28）年開業の「飯田町駅」がありました。いずれも、甲武鉄道の駅として開業しました。

その後、関東大震災からの復興にあたり、1928（昭和3）年に新宿〜飯田町駅間で貨客分離を目的とした複々線化工事が行われ、その際、牛込駅と飯田町駅のほぼ中間に、両駅を統合する形で「飯田橋駅」が開業したのです。飯田橋駅の開業に伴い、牛込駅は廃止されましたが、飯田町駅は、飯田橋駅開業後も長距離列車のターミナル駅としての役割を担い続けました。しかし、1933（昭和8）年に新宿駅が新たなターミナル駅として整備されたことで、飯田町駅は貨物専用駅となり、その後少しずつ規模を縮小しながら営業を続けていましたが、ついに1999（平成11）年に廃止されました。

江戸の記憶を伝える牛込濠と牛込御門

ＪＲ東日本飯田橋駅西口駅舎の2階にある史跡眺望テラスに出ると、駅前を横切る早稲田通りを挟んだ右手正面に、広々とした水面が見えてきます（写真1）。これは、江戸城外濠の一つ「牛込濠」の水面です。本来、江戸城防衛のために建設された外濠ですが、現在では、のびやかに広がる水面と、濠に沿って続く土手の緑や桜並木が、まさに都会のオアシスとして、四季を彩り、人々に憩いや潤いを提供しています。

写真１　牛込濠

その左手前に目を転じると、早稲田通りを挟むようにそびえる二基の巨大な石垣が目に飛び込んできます（写真２）。この石垣は、１６３６（寛永13）年に建設された江戸城の「牛込御門（牛込見附）」の遺構です。江戸城の北端に位置する牛込御門は、江戸時代には田安門から上州道へと続く交通の要衝であり、敵の侵入を防ぐ目的で、２つの門を直角に配置した「枡形門」が形作られていました。この牛込御門は、別名「楓（かえで）の御門」とも呼ばれ、江戸時代は紅葉がとても美しかったと言われています。

明治時代に入り、江戸城防衛の必要性が無くなると、外濠に配置された見附が次々と撤去されていきます。牛込見附もその例外ではなく、まず、１８７２（明治５）年に渡櫓などが撤去されました。さらに、交通上の利便性を確保するため、１９０２（明治35）年に枡形石垣の一部が撤去されました。現在では、早稲田通りの両側に石垣の一部が残るのみですが、それらはいまだに圧倒的な存在感を放ち、往時の面影

写真２　牛込御門の石垣

写真３　牛込御門の石垣（南側）

を今に伝えています（写真３）。
　早稲田通りには、牛込御門と外濠の対岸を繋ぐ「牛込橋」が架けられています。牛込橋の建設は、牛込御門と同じ１６３６（寛永13）年と言われていますが、その後幾度も架け替えが行われ、現在の牛込橋は１９９６（平成８）年に建設された鋼橋です（写真４）。現在の牛込橋には、牛込御門の櫓をモチーフにした親柱や、石垣をモチーフにした防護柵が設えられています。

江戸の舟運拠点、飯田濠

　牛込御門の石垣を後にして、牛込橋を渡り、早稲田通りを下りきると、外堀通りとの交差点、神楽坂下交差点にたどり着きます。交差点を渡り、そのまま直進すると「神楽坂」ですが、ここでは交差点を渡らずに外堀通りを右折しましょう。

　神楽坂下交差点から、外堀通りを北に進むと、右手に「飯田橋セントラルプラザ」が見えてきます。この建築物は、新宿区と千代田区の両区にまたがる珍しい駅ビルで、事務棟は新宿区、住宅

写真４　現在の牛込橋

棟は千代田区に属しています。ちなみに、区境にあたる場所には、その名も「区境ホール」が設けられています。

　このセントラルプラザの建つ場所には、かつて江戸城外濠の一つ「飯田濠」がありました。飯田濠と牛込濠は、牛込橋を挟んで隣り合っていましたが、この両濠の間には水位差がありました。飯田濠よりも牛込濠の水位が高かったため、牛込御門の下には牛込濠の水位を調整するための落し口がありました。そこから水が流れ出る様子は、江戸時代の絵師である歌川広重の団扇絵「どんどんノ図」（図1）にも描かれています。現在でも、JR飯田橋駅のプラットフォームから、牛込濠の水位調節のための落し口を確認することができます（写真5）。

　両濠の間に水位差があるということは、濠間で舟の行き来ができないということです。実際、舟運が盛んであった時代には、神田川を上ってきた舟は飯田濠止まりで、牛込濠から先の外濠に舟を進めることができませんでした。そのため、神田川と外濠の合流点にあたる飯田濠周辺には、舟運物資の積み下ろしのための河岸が設けられ、物流の拠点としてたいへん賑わったと言われています。飯田濠が埋め立てられ、河岸も残されていない現在では、舟運が盛んだった頃のまちの面影を

図1　「どんどんノ図」（国立国会図書館所蔵）

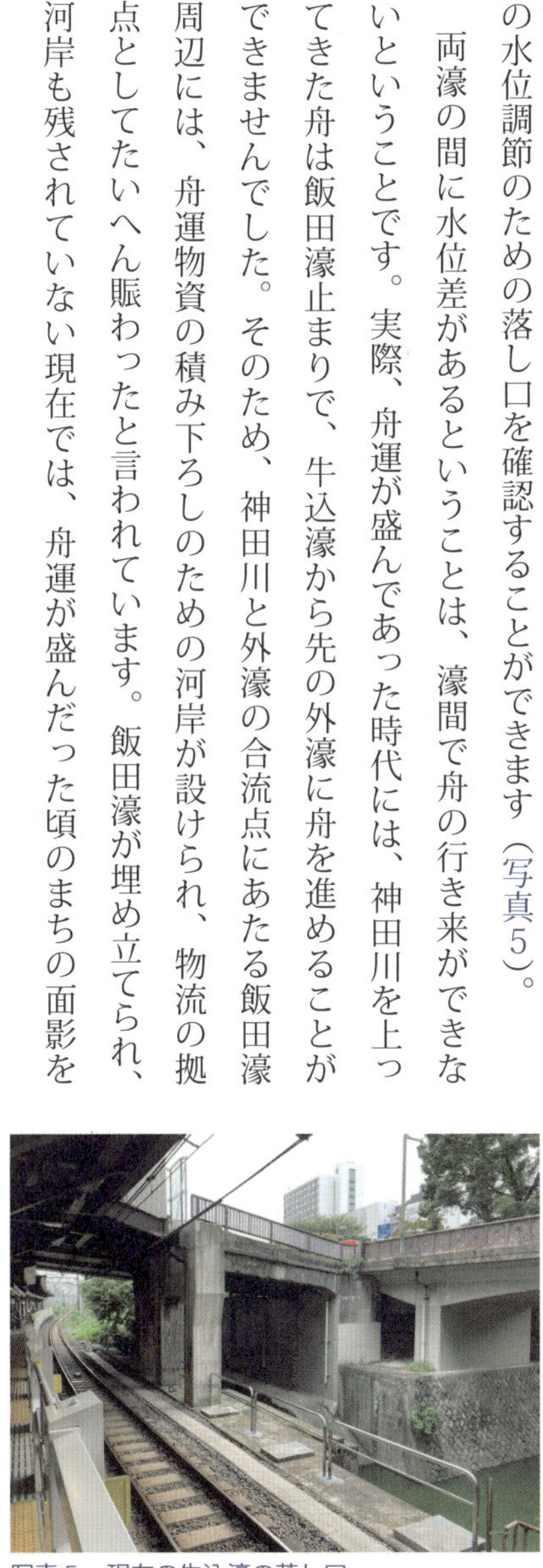
写真5　現在の牛込濠の落し口

偲ぶことはできませんが、神楽河岸、揚場町（あげばちょう）、軽子坂（かるこざか）といった町名や地名から、かつての土地の記憶を読み取ることができます。

ちなみに、飯田濠は、水質汚濁等の環境悪化により１９７２（昭和47）年に埋め立てられ、その跡地に、１９８４（昭和59）年に飯田橋セントラルプラザが開業しました。

治水と舟運の歴史を刻む神田川と日本橋川

外堀通りに沿ってセントラルプラザを抜けると、目白通りとの交差点に行き着きます。この交差点には、五差路を跨（また）ぐ巨大な横断歩道橋が架かり、さらに首都高速５号池袋線の高架橋も架かっているため、つい上方に目をやりがちですが、実はこの場所は、外濠と神田川の合流点でもあるのです。北から流れてきた神田川は、外濠との合流点で大きく東へと流れを変え、水道橋や駿河台の掘割（御茶ノ水）を経て、隅田川へと注いでいます。

こうした河川の合流点、あるいは屈曲点では、河川氾濫が起きやすかったのでしょう。神田川が氾濫した際に江戸城下に被害が及ばぬよう、江戸時代、現在の飯田橋駅東口付近から水道橋方面に向けて、神田川に沿って堤防が築かれました。明治時代に入ると、この堤防を利用して、飯田橋駅～水道橋駅間の中央線（当時の甲武鉄道）の盛土（もりど）

写真６　飯田橋駅～水道橋駅間の中央線の盛土

が築かれたと言われています（写真6）。

この盛土の神田川側の石積みは、飯田橋駅に近い場所では谷ができるように斜めに石を積む「谷積み」で、水道橋駅に近づくにつれて水平に石を積む「布積み」に変わります。そのつなぎ目では、ホームベースをさかさまにしたような五角形の石が使われ、巧みに2つの積み方を融合しています（写真7）。

一般に、谷積みのほうが安定した積み方で、布積みよりも新しい積み方であると言われています。おそらく、もともと布積みであった盛土の石積みを部分的に補修した際、より丈夫な谷積みで積みなおしたため、このように2つの積み方が混在したのではないでしょうか。はたして、盛土のどこで石積みの積み方が変わっているのか、ぜひ探してみてください。

盛土に沿って水道橋方面にしばらく歩くと、神田川と日本橋川の分流点に至ります。あたかもT字路のように、神田川は西から東へ、日本橋川は分流点から南へと流れています。実は、この神田川と日本橋川は、江戸時代から着いたり離れたりを繰り返しているのです。

神田川は、かつては平川と呼ばれ、その下流部はほぼ現在の日本橋川の流路をたどっていました。それが、江戸時代初期の城下町建設に伴い、主に治水上の理由から、駿河台を掘り割って隅田

写真７　布積みと谷積みのつなぎ目

川へと抜ける人工河川が新たに開削され、神田川の流路はそちらに付け替えられて現在に至っています。

一方、日本橋川（当初の平川）は、同じく治水上の理由から、神田川の新流路の開削土砂により、その上流部、具体的には現在の分流点付近から堀留橋付近まで埋め立てられました。

ところが、明治時代に入ると、東京の近代化をめざした市区改正の一環で、今度は日本橋川の埋め立て部分が開削され、再び日本橋川と神田川は接続されました。この日本橋川には、隣接する甲武鉄道飯田町駅と日本橋方面を結ぶ舟運路としての役割が期待されたのです。

写真８　小石川橋通り架道橋（上路ワーレントラス部）

日本橋川の開削工事は、１９０３（明治36）年に竣工します。その翌年、甲武鉄道の飯田町駅から万世橋（まんせいばし）方面（御茶ノ水方面）への路線延伸のため、分流点付近の日本橋川に橋が架けられます。これが、「小石川橋通り架道橋（かどうきょう）」（写真8）です。4径間※で構成される小石川橋通り架道橋は、飯田町側の2連と御茶ノ水側の1連が下路※プレートガーダー橋※で、その間に挟まれた日本橋川に架かる1連が上路※ワーレントラス橋※となっています。

これらの4径間はすべてドイツのハーコート社製で、なかでも日本橋川に架かる1径間は、日本向けのドイツ製橋梁としては、唯一の上路ワーレントラス橋です。また、小石川橋通り架道橋の橋台及び橋脚は、多少汚れや傷みが目立ちますが、イギリス積み※煉瓦と隅石という建設当初の姿をとどめており（写真9）、当時の技術者の意匠に対する意識の高さを感じ取ることができます。

小石川橋通り架道橋から日本橋川に沿って南へ進むと、飯田町駅跡に開発された「アイガーデンエア」に行き着きます。一方、小石川橋通り架道橋から神田川に沿って東へ進むと、水道橋、そして御茶ノ水に至ります。どちらに進んでも、江戸～東京の歴史を物語る土木遺産に巡り合うことができます。そうした土木遺産を訪ねて、ここからさらに歩みを進めてみてはいかがでしょうか。

かつて舟運拠点であった飯田橋は、現在は鉄道5路線が乗り入れる交通の結節点です。そうしたまちの特性や履歴を反映して、飯田橋周辺には、けっして華やかではありませんが、私たちの暮らしを、そして江戸・東京の発展を地道に支え続けてきた土木遺産が集積しています。

暮らしに溶け込んだ身近な土木遺産ほど、普段はその存在を意識することはありません。しかし時には、いつもより視野を広げて、身近な土木遺産を探してみてはいかがでしょうか。見慣れたまちの風景が、ほんの少し違ったものに見えてくるかもしれません。

写真９　小石川橋通り架道橋の橋脚

※径間：橋梁において橋脚と橋脚の間、もしくは橋台と橋脚の間のこと。

※上路橋・中路橋・下路橋：上路橋は、通路が橋桁（主桁・主構またはアーチ）の上側に設けられた橋梁のこと。中路橋は、通路が橋げたの中間部に設けられた橋梁のこと。下路橋は、通路が橋桁の下側に設けられた橋梁のこと。

※プレートガーダー橋：鋼板をI形に組み立てた桁（プレートガーダー）を主桁に用いた橋梁のこと。

※トラス橋：主桁がトラス構造の橋梁のこと。トラス構造とは、直線部材で構成される三角形を基本単位として、部材間の接合を回転自由なピン（ヒンジ）で接合した構造のこと。

※ワーレントラス橋：斜材の向きが上下交互になっているトラス橋のこと。このほか、トラス橋には、斜材の向きなどにより、プラットトラス橋やハウトラス橋などがある。（下図参照）

※イギリス積み（煉瓦）：煉瓦の積み方の一つで、煉瓦の長手面のみを見せる段と小口面のみを見せる段を交互に積み重ねる工法のこと。強度に優れた工法とされた。

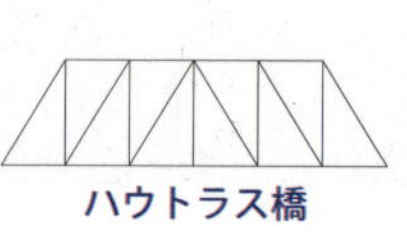

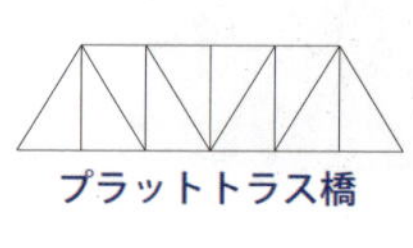

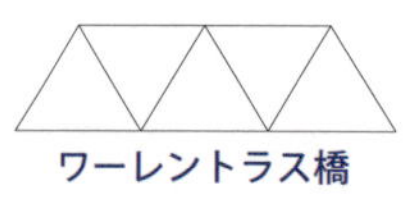

〈参考文献〉

小木新造ほか：『江戸東京学事典』、三省堂、1988
小野田滋：『東京鉄道遺産』、講談社、2013
新宿歴史博物館：『新修 新宿区町名誌』、新宿歴史博物館、2010
鈴木理生：『江戸・東京の地理と地名』、日本実業出版社、2006

コラム：甲部鉄道の遺構あれこれ

＜牛込駅跡＞

牛込御門の石垣から市ヶ谷駅方向へ進むと、外濠公園の手前に、店舗を挟み込むように、そして、まるで何かの入り口のように、緩やかなカーブを描く石積みが残されています。実はこの石積みは､かつてこの場所にあった「牛込駅」の入り口に設置されていたものだと言われています（コラム写真１）。

コラム写真１　かつての牛込駅の入り口

＜飯田町駅跡（アイガーデンエア）＞

飯田町駅跡の広大な敷地は、オフィス、マンション、ホテルなどからなる複合施設｢アイガーデンエア｣として再開発が進んでいます。アイガーデンエアには、かつてこの場所にあった大名庭園の景石などがモニュメント的に配置されているほか、かつて平川の護岸として用いられていたと考えられる石材を再利用して、｢平川の径（みち）｣（コラム写真２）と名付けられた散策道も整えられています。また、広場の舗装の一部にはレールが埋め込まれるなど、飯田町駅の記憶もしっかりと留めています（コラム写真３）。

コラム写真２　平川の径

コラム写真３　飯田町駅の記憶を継承するレール

4 神田駿河台（かんだするがだい）

～神田川沿いのまちを歩く～

JR東日本御茶ノ水駅のプラットフォームに降り立つと、眼前にはあたかも自然渓谷のような風景が広がります。あわただしく人々が行きかうプラットフォームの傍らにたたずみ、しばしその渓谷美を眺めていると、眼下を流れる神田川に、時折船が行き交うのを見ることができます（写真1）。

実は、この御茶ノ水の渓谷は、江戸時代初期に本郷台地の南端に人の力で開削された、いわば人工の掘割です。そして、この掘割の南側の緩やかな斜面に広がるまちが「神田駿河台」です。

江戸初期の一大土木事業ともいうべき御茶ノ水の掘割開削により、本郷台地から切り離される形となった駿河台周辺には、その後も江戸・東京の礎を築いてきた数多（あまた）の土木遺産が集積しています。まちの履歴をたどりながら、そうした神田駿河台周辺の土木遺産を見て歩きましょう。

写真１　JR 御茶ノ水駅付近の神田川（正面は聖橋）（2016（平成 28）年撮影）

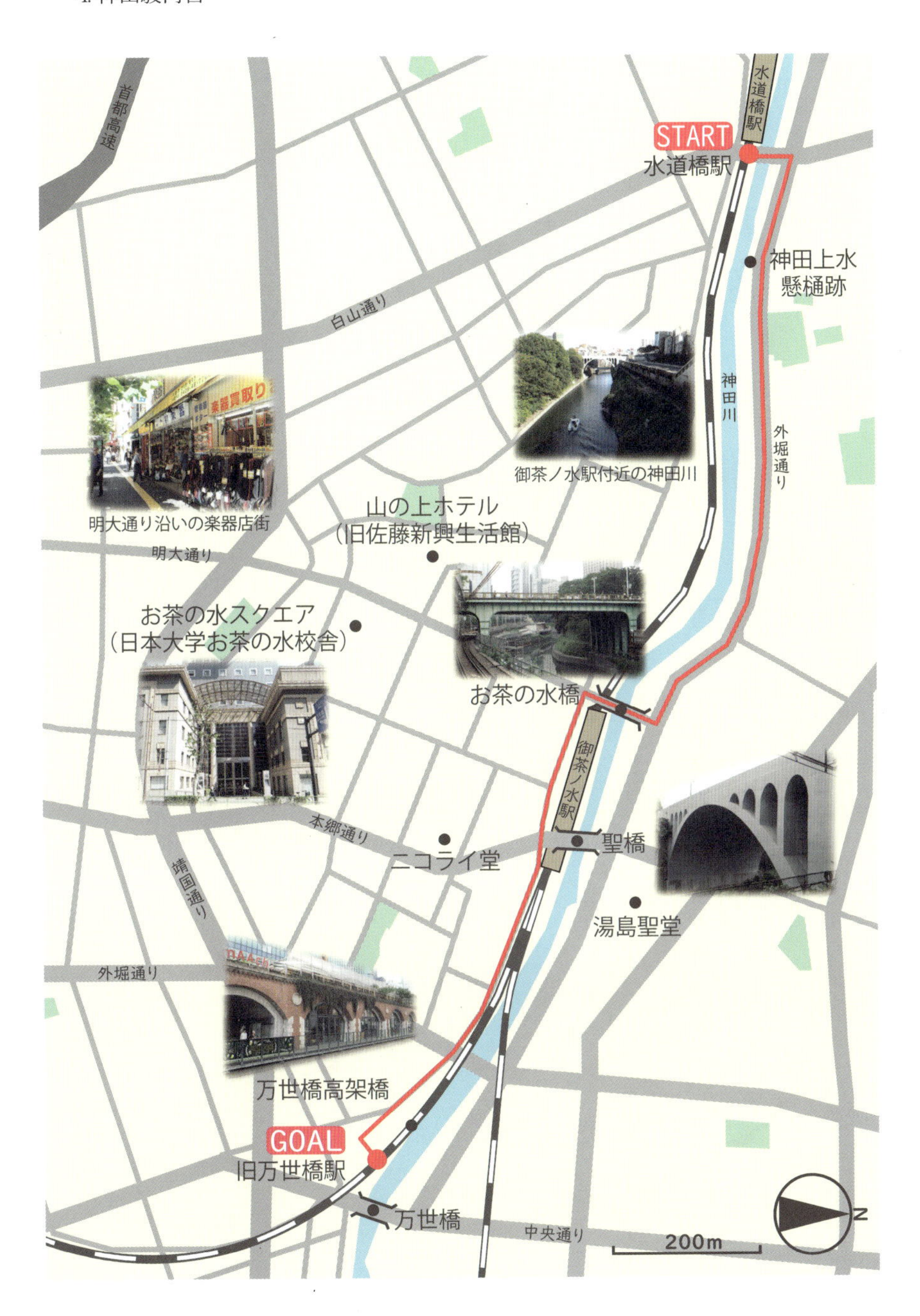

明大通り沿いの楽器店街

御茶ノ水駅付近の神田川

お茶の水橋

万世橋高架橋

神田川の成り立ち

御茶ノ水の掘割の底を流れる「神田川」も、掘割開削と同時に付け替えられた、いわば人工河川です。なぜ、こうした大規模な河川改修事業が必要だったのでしょうか。その理由を探るべく、しばし神田川の成り立ちをたどってみましょう。

現在の神田川は、三鷹市の井の頭池を水源として、杉並区と中野区の区界に架かる富士見橋のやや上流で、善福寺池を水源とする善福寺川と合流し、さらに中野区と新宿区の区界に架かる末広橋付近では、現在は完全に暗渠となっている桃園川（ももぞのがわ）と合流します。その後、新宿区下落合（しもおちあい）で妙正寺川（みょうしょうじがわ）とまさに落ち合い、そこから早稲田、江戸川橋、飯田橋を経て、水道橋、御茶ノ水、秋葉原を抜け、浅草橋の下流で隅田川に注いでいます（図１）。

神田川の原形は、江戸初期に存在した「平川」と呼ばれる古河川にさかのぼります。この平川は、井の頭池から飯田橋までは現在の神田川とほぼ同じ流路をたどり、そこから小石川橋付近で現在の「日本橋川」の流路に入り、さらに、かつて日比谷から丸の内にかけて広がっていた「日比谷入江」と呼ばれる入江に注いでいたとされます。ところが、１６０３（慶長８）年、徳川家康は江戸に幕府を開くと、日比谷入江を埋め立てて市街化を図

図１　神田川とその支川

り、さらにその市街地を水害から守るため、平川の大改修に着手したのです。

具体的には、平川の日比谷入江への流入を防ぐため、現在の水道橋から万世橋にかけて本郷台地の南端を開削し、そこを新たな流路として、平川が隅田川に注ぐよう大規模な流路変更を施しました。これが、現在の神田川にあたります。そして、この時開削された掘割が、御茶ノ水駅付近の人工の渓谷です。

当時、こうした大規模な河川改修を人の力だけで施工したことを思うと、御茶ノ水駅に降り立つたびに、先人の苦労が偲ばれます。

神田川沿いの土木遺産

さて、神田川に沿って本郷台地を西から東へ越えていくと、近世から近代にかけて建設された様々な土木遺産に出会うことができます。

まず、西から東へ流れる神田川が本郷台地にさしかかる場所、つまり本郷台地の西端にあたる一帯は「水道橋」と呼ばれています。JR東日本水道橋駅から、神田川沿いを下流へ、すなわち東へ進み、本郷台地の坂道を少し上ると、水道橋の地名の由来となった「神田上水」の懸樋(かけひ)跡(あと)が見えてきます。

「江戸の六上水」の一つであった神田上水は、我が国初の上水道といわれ、現在の文京区関口のあたりで神田川を堰上げして取水し、水戸藩の上屋敷（現在の小石川後楽園）を抜けて、この懸樋すなわち水道橋で神田川を渡して江戸市中に給水していました。現在、懸樋は撤去されていますが、その姿を伝える多くの浮世絵や図会、さらに古写真が遺されています。

神田川沿いをさらに東へ進むと、徐々に渓谷が深くなります。その最も深いあたりに、「御茶ノ水駅」が位置しています（写真1）。1932（昭和7）年に改築された御茶ノ水駅は、モダニズム建築の様式で設計され、乗降客の動線や中央線と総武線の乗り換えの利便性を最優先に考えた、実用本位の機能的な駅舎でした。そのため、待合室等の滞留空間は設けられておらず、神田川を眺めるには少しせわしない駅だったかもしれません。2024（令和6）年現在、御茶ノ水駅では大規模な改良工事が行われています。はたしてどのような駅が完成するのか、今から楽しみですね。

この御茶ノ水駅を挟むように、神田川を跨ぐ2つの橋梁が架けられています。御茶ノ水駅の西に架かるのが「お茶の水橋」（写真2）、東に架かるのが「聖橋」（写真3）です。これらの橋梁は、関東大震災からの復興に際して架橋されたいわゆる震災復興橋梁です。いずれも当時の技術の粋を尽くした橋梁で、1931（昭和6）年竣工のお茶の水橋は、東京市（当時）の技師であった小池啓吉と徳善義光の設計によるπ形ラーメンプレートガーダー橋です。一方、1927（昭和2）年竣工の聖橋は、成瀬勝武と山田守の設計によるもので、神田川を跨ぐ中央径間

写真2　お茶の水橋

写真3　聖橋

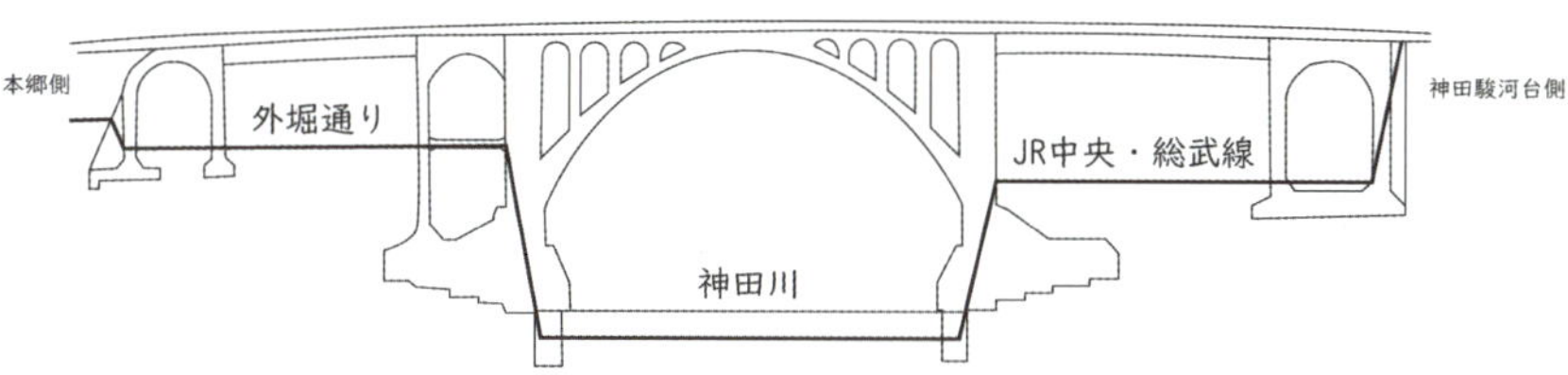

図2　聖橋側面模式図（上流側）

は鉄骨コンクリートアーチ橋、神田川に沿って走る中央・総武線や外堀通りを跨ぐ側径間は鋼鈑（こうはん）桁橋で構成されています。（図2）

聖橋の橋名は、この橋が、神田川の北岸に建つ「湯島聖堂」と、南岸に建つ「日本ハリストス正教会復活大聖堂」（通称ニコライ堂）、この2つの聖堂を結ぶ橋であることに由来しています。ちなみに、湯島聖堂は、1690（元禄3）年に徳川綱吉により上野忍ケ岡（しのぶがおか）から湯島に移され建立された孔子廟（こうしびょう）で、1923（大正12）年の関東大震災で焼失しましたが、1934（昭和9）年に再建されました。一方、ニコライ堂は、1891（明治24）年に完成し、同じく関東大震災で被災しましたが、1929（昭和4）年に復興しました。いずれも、たいへん由緒ある建築物といえるでしょう。

御茶ノ水駅をあとに、神田川沿いを東へ坂道を下ると、渓谷は急に浅くなります。さらに進むと、台地を抜けたあたりで、神田川の右岸に沿って赤レンガアーチが連続する鉄道高架橋が見えてきます。1912（明治45）年に竣工した「万世橋（まんせいばし）高架橋」（写真4）です。かつてこの高架橋の上

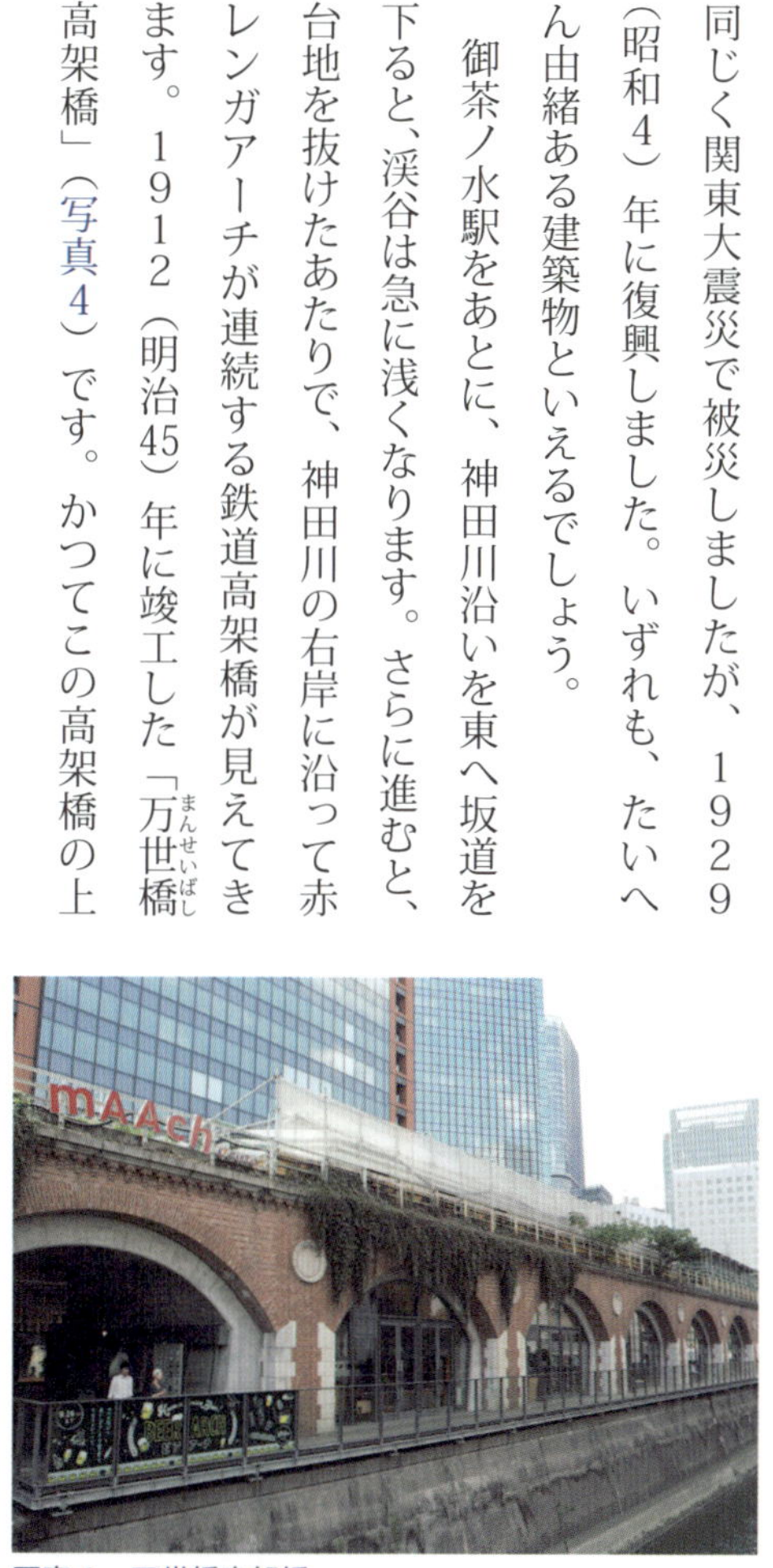

写真4　万世橋高架橋

には、万世橋駅が存在しました。１９１２（明治45）年に開業した初代万世橋駅の駅舎は、東京駅と同じ建築家の辰野金吾が設計したもので、のちに〝小東京駅〟と言われるほど豪華な佇まいでした。

万世橋駅は１９４３（昭和18）年に廃止されますが、その跡地は交通博物館となり、さらに交通博物館の閉館後は、旧万世橋駅の遺構を活かしつつ再整備が進められ、２０１３（平成25）年に商業施設「mAAchエキュート神田万世橋」がオープンしました。土木遺産をリノベーションしたこの施設は、秋葉原・神田界隈の新たな拠点として、連日多くの人々で賑わっています。

駿河台のまちなみ

それでは、ここで神田川を離れて、駿河台のまちへと歩を進めましょう。そもそも「駿河台」という地名は、江戸時代初期、静岡県の駿府に隠居していた家康の死後、駿府詰だった家臣団（旗本）が江戸に戻った際、この地に居を構えたことに由来するといわれています。かつては武家屋敷が建ち並んでいた駿河台ですが、現在では日本大学をはじめとする大学や病院、楽器店や飲食店が多数立地し、たいへん賑わいあるまちへと変貌しました。

御茶ノ水駅のお茶の水橋口を出て、通称「明大通り」を南へ下っていくと、通りの両側には様々な楽器店が建ち並んで

写真５　明大通り沿いの楽器店街

います（写真5）。店々から流れる賑やかな音楽を聴きながら、世界一の品ぞろえともいわれる楽器店街を抜け、明大通りの坂道をさらに下っていくと、右手に〝文化人のホテル〟として名高い「山の上ホテル」が見えてきます。建築家ウィリアム・メレル・ヴォーリズの設計で1937（昭和12）年に完成したこの建築物は、もとは九州出身で石炭王と呼ばれた佐藤慶太郎により、生活文化改善の拠点として建てられた「佐藤新興生活館」という施設でした。この施設が、1954（昭和29）年にホテルに転用され、山の上ホテルとして現在に至っています。

かつては、明大通りを挟んだ山の上ホテルの向かいにも、ヴォーリズの設計による主婦の友社の社屋が建てられていました。1925（大正14）年に竣工したこの社屋は、鉄筋コンクリート造4階建てで、外壁には独特な彫刻が施され、大正モダニズム建築の代表作の一つといわれていました。しかし、施設の老朽化等に伴い、1987（昭和62）年に社屋は建て替えられ、「お茶の水スクエア」として生まれ変わりました。

建て替えにあたっては、建築家磯崎新（いそざきあらた）氏の設計により、ポストモダンな13階建ての高層棟が建てられましたが、低層部にはヴォーリズ設計の旧社屋の外観が復原されました（写真6）。また、建て替えに際し、建物内部には日本初の室内楽専用ホール「カザ

写真6　現在のお茶の水スクエア（日本大学お茶の水校舎）

ルスホール」が併設され、そこでは数々の演奏会が催されました。

その後、経営難に見舞われたお茶の水スクエアは、２００２（平成14）年に日本大学に売却され、カザルスホールも２０１０（平成22）年に閉鎖されました。現在、お茶の水スクエアは、その外観を保ったまま、日本大学の校舎に転用されています。このお茶の水スクエアの外観からは、かつて駿河台のまちなみの基調となっていたであろう大正モダンの面影をしのぶことができます。

帝都復興事業の遺産　靖国通り

明大通りをさらに下ると、広幅員を誇る「靖国通り」に行き着きます。戦前は「大正通り」と呼ばれていた靖国通りは、１９２３（大正12）年に発生した関東大震災の復興にあたり整備された、いわば帝都復興事業の遺産です。

帝都復興事業では、国により幅員22m以上の幹線街路が52路線１１９km整備されました。これらの街路には、歩道や街路樹、照明が整えられ、また舗装も施され、〝降れば泥濘(ぬかるみ)〟と言われた震災前の未舗装の街路とは異なる、近代的な街路が設えられました。こうした街路網の骨格となったのが、南北軸としての幹線第一号の「昭和通り」（幅員44m）と、東西軸としての幹線第二号の「大正通り」（幅員36m）、すなわち現在の靖国通りです。

現在、靖国通り沿いには、明大通りと交差する駿河台下交差点を境に、西側には世界最大級ともいわれる古書店街、東側にはスポーツ用品店街が広がります。竣工当初に比べ沿道のまちなみは変化したとはいえ、靖国通りの街路線形や幅員は、竣工から80年以上たった現在でも大きく変化していません。先人の築いた帝都復興事業のストックが、いまも私たちの暮らしを支えていることがわかります。

ここまで見てきたように、神田駿河台には、必ずしも一級品の土木遺産があるわけではありません。しかし、ここで紹介した一つひとつの遺産は、いまなお現役施設として、いわば生きた土木遺産として、私たちの日々の暮らしの中に息づいています。

ここでは紹介しきれなかった土木遺産も少なくありません。路傍の花を愛でるように、せわしなく過ぎる日常の中で、ふと立ち止まって周囲を見渡してみると、それまで気づかなかった身近な土木遺産が見えてくるかもしれません。

楽器や古書、スポーツ用品といった買い物の折に、少しだけ時間を割いて、神田駿河台を散策してみてはいかがでしょうか。まちに息づく、生きた土木遺産に出会えるかもしれません。

〈参考文献〉

阿部貴弘：「復興橋梁 聖橋」、コンクリート工学、Vol. 61,No.10,pp.822-823, 日本コンクリート工学会、2023

5 神田上水（かんだじょうすい）

～江戸の上水跡を歩く～

古今東西問わず、多くの人々が集まる都市では、飲み水の確保が最優先課題の一つといえるでしょう。古代ローマのローマ水道が有名ですが、古来、世界の諸都市では、飲み水を確保するために様々なインフラが建設されてきました。

当時、世界最大規模の人口を誇った城下町江戸も、その例外ではありません。江戸では、急増する人口を賄うため、苦心惨憺（さんたん）の末に、たいへん緻密な上水網を構築したのです。その最初期に建設された、神田上水とその関連施設を見て歩きましょう。

江戸の六上水

１５９０（天正18）年に徳川家康が江戸入りして以降、城下町江戸は急速な発展を遂げました。ところが、隅田川河口部の臨海低湿地に立地する江戸では、井戸を掘っても塩分混じりの水しか得られませんでした。そのため、高まる水需要に対応すべく飲料水の確保は、都市経営上の喫緊の課題であったといえるでしょう。

江戸では、都市域の拡大や人口の増加に伴い、計６つの上水が順次開設されました。これらを総称して、

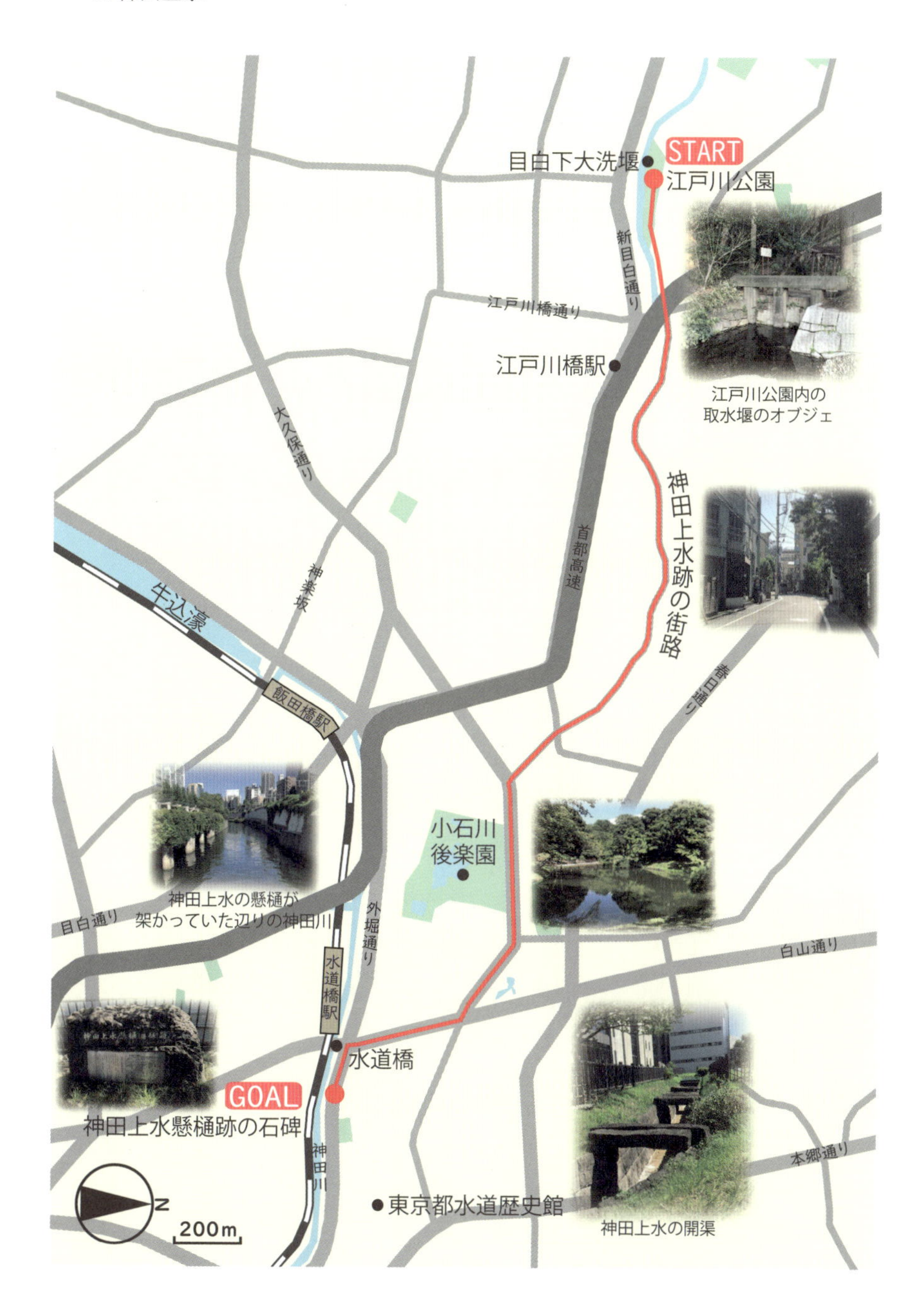
START
目白下大洗堰
江戸川公園
新目白通り
江戸川橋通り
江戸川橋駅
江戸川公園内の
取水堰のオブジェ
大久保通り
神田上水跡の街路
首都高速
神楽坂
牛込濠
飯田橋駅
春日通り
小石川
後楽園
神田上水の懸樋が
架かっていた辺りの神田川
目白通り
外堀通り
白山通り
水道橋駅
水道橋
GOAL
神田上水懸樋跡の石碑
神田川
本郷通り
東京都水道歴史館
神田上水の開渠
N
200m

「江戸の六上水」と呼びます（図1）。

図1　六上水の位置図

六上水のうち、最初に開設されたのが「神田上水」です。神田上水開設の経緯については諸説ありますが、一説には、1590（天正18）年の家康の江戸入り当初に開設された「小石川上水」が、のちに拡張されて神田上水になったといわれています。

その後、三代将軍家光の頃に参勤交代が制度化されると、江戸の人口は増加し、水需要もさらに高まりました。そこで新たな上水として、1654（承応3）年に「玉川上水」が開設されました。多摩川を水源とする玉川上水の建設は、江戸町人の庄右衛門・清右衛門兄弟（のちの玉川兄弟）が請け負いました。取水口のある羽村から四谷大木戸まで、全長約43kmに対して標高差約93mという非常に緩やかな流水勾配を維持しなければならず、相当な難工事の末に完成しました。

神田上水はおもに江戸城の北東方面に給水し、玉川上水はおもに江戸城の南西方面に給水しました。これらの上水は、東京市の近代水道開設に伴い1901（明治34）年に廃止されるまで、長きにわたり江戸・東京の市民生活を支え続けました。

一方、玉川上水から分水した上水に、「青山上水」、「三田上水」、「千川上水」がありました。1660（万治3）年開設の青山上水は、四谷大木戸で玉川上水の余水を用い、おもに青山、赤坂、麻布、芝方面に給水しました。また、１６６４（寛文4）年開設の三田上水は、現在の世田谷区北沢で玉川上水から分水し、おもに三田、芝、金杉方面に給水しました。さらに、１６９６（元禄9）年開設の千川上水は、かつての保谷村で玉川上水から分水し、小石川白山御殿、本郷湯島聖堂、上野東叡山寛永寺、浅草浅草寺といった将軍御成の施設へ給水するとともに、灌漑や飲料水として沿川の村々も潤しました。このほか、明暦の大火後に市街化した本所、深川方面に給水するため、元荒川を水源とする「亀有上水」も開設されました。

神田上水と関連施設

さて、神田上水に話を戻しましょう。先述のように、神田上水開設の経緯については諸説ありますが、そのうちの1つを紹介しておきます。

１５９０（天正18）年、家康は江戸入りに先立ち、飲料水を確保するため、家臣の大久保藤五郎に上水開設を命じました。藤五郎は、まず、本郷台地の西を流れていた小石川を水源とし、神田方面に上水を引いたとされています。これが「小石川上水」です。その後、市街地の拡充と人口の増加に伴う水需要の増大を背景に、神田川の大規模改修と連動して、小石川上水が拡張され、神田川から取水する「神田上水」が開設されたといわれています。

こうして開設された神田上水は、現在の文京区関口のあたりで神田川を堰上げして取水し、そこから神田川の北側を東に向けて並走し、水戸藩の上屋敷（現在の「小石川後楽園」）に至ります。さらに、

写真１　江戸川公園内にある取水堰の石柱を使ったオブジェ

屋敷内を東へ抜け、水道橋の地名の由来となった懸樋（かけひ）で神田川を渡り、そこから暗渠で、神田、日本橋、京橋一帯に給水していました。

ちなみに、少しややこしいのですが、神田川はかつて、関口の取水口より上流は神田上水、下流は江戸川とよばれていました。現在は、上下流とも神田川と呼ばれていますが、江戸川とよばれていたころの名残は、神田川に架かる「江戸川橋」の橋名や、東京メトロ有楽町線の「江戸川橋駅」の駅名に遺されています。

「目白下大洗堰」とも呼ばれた神田上水の取水堰は、神田川の水を堰上げして取水することで流水勾配を確保し、給水面積を増やすとともに、下流からの海水の影響の及ばない地点で取水するために設置されたといわれています。この取水堰は、１９３７（昭和12）年の神田川改修に伴い撤去され、残念ながら現在は遺されていません。しかし、神田川に隣接する文京区立「江戸川公園」内に、取水堰の石柱の一部を用いたオブジェが設置されています（写真1）。大洗堰を偲ぶには少々こぢんまりとしていますが、オブジェの傍ら

写真２　桜の季節の神田川（江戸川公園付近）

写真３　神田上水の開渠（東京都水道歴史館内）

には解説板も設置されており、土地の記憶をたどることができます。

なお、このあたりの神田川沿いには桜並木が整えられており、春の季節になると趣深い河川景観を楽しむことができます（写真２）。

取水後の神田上水は、かつては開渠で神田川と並走していました。近年の発掘調査で、この開渠の石樋が発掘され、それらは「東京都水道歴史館」に展示されています（写真３）。

現在、神田上水の開渠跡には街路が敷設されています。江戸川公園から東へ、大日坂下（だいにちざかした）、小日向（こひなた）、安藤坂の各交差点を経由して、くねくねと蛇行する街路が走っていますが（写真４）、おおよそこの街路に沿って神田上水の開渠が敷設されていました。

水戸藩の屋敷に至った神田上水は、屋敷の池の水（写真５）として使われ、そこから暗渠で東へ導かれ、さらに「懸樋」で神田川を渡り

写真４　神田上水跡の街路

写真５　小石川後楽園の池

写真７　神田上水の懸樋が架かっていたあたりの神田川（水道橋から下流を望む）

写真６　現在の水道橋と JR 水道橋駅

ました。この懸樋は、現在の水道橋（写真6）のやや下流に架けられていました。その様子は、歌川広重の浮世絵「東都名所　御茶之水之図」（図2）や、『江戸名所図会　1巻』の「御茶の水　水道橋　神田上水懸樋」などから知ることができます。現在、神田上水の懸樋の痕跡を読み取ることは容易ではありませんが（写真7）、かつての架橋位置には石碑（写真8）が置かれており、土地の記憶をたどる助けとなっています。

神田川を渡った神田上水は、暗渠で市中に給水されていましたが、その際、木樋や竹樋、枡や上水井戸といった施設が巧みに組み合わされ、まさしく網目のような給水ネットワークが構築されていました。

ここまで、江戸の六上水にも触れながら、神田上水の成り立ちと、現在に遺された痕跡をたどってき

図２　「東都名所　御茶之水之図」（歌川広重）（国立国会図書館所蔵）

ました。いまでこそ、蛇口をひねれば水が出るのは当たり前となっていますが、災害時などにいざ断水に見舞われると、水道のありがたみがよくわかります。東京の歴史を振り返る際、神田上水をはじめとする上水建設の苦労に思いを馳せることで、災害に備える意識も高まるかもしれません。

神田上水周辺には、ここで紹介した施設のほかにも、関連施設や見どころが点在しています。たとえば、江戸川公園から神田川に沿って西へ少し進むと、「肥後細川庭園」（写真9）や「関口芭蕉庵」があります。この地に一時期暮らしていた松尾芭蕉は、神田上水の建設にも携わったといわれています。また、神田上水をはじめとする江戸の上水や東京の近代水道についてさらに詳しく学びたい場合には、神田上水の懸樋から5分ほどの場所にある東京都水道歴史館をおすすめします。神田上水探訪の際、こうした施設にもぜひ足を延ばして、神田上水の理解を深めてください。

〈参考文献〉

鈴木理生：『図説 江戸・東京の川と水辺の事典』柏書房、2003
東京都水道歴史館：『東京水道の歴史』

写真8　神田上水懸樋跡の石碑

写真9　肥後細川庭園

6 北の丸公園（きたのまるこうえん）

～江戸城北の丸周辺を歩く～

かつての江戸城北の丸は、現在は「北の丸公園」と呼ばれる環境省所管の国民公園として、広く一般に公開されています。桜の名所千鳥ケ淵（ちどりがふち）や武道の大殿堂日本武道館も、この北の丸公園にあります。

いまでこそ、四季の彩り豊かに、訪れる人々に憩いと安らぎを与える北の丸公園ですが、その歴史を振り返ると、江戸以来幾度となく社会情勢や周辺環境の変化にさらされ、その姿を変えてきました。そうした歴史を振り返りながら、北の丸公園とその周辺に息づく多様な土木遺産を見て歩きましょう。

写真１　北の丸公園の広場

北の丸公園の成り立ち

北の丸公園は、その名の通り、かつての江戸城の北の丸に位置し、三方を江戸城内濠の千鳥ヶ淵、牛ヶ淵、清水濠（しみずぼり）に囲まれた、面積約20haの緑豊かな公園です（写真１）。春には千鳥ヶ淵の桜が、夏には牛ヶ淵の蓮の花が、秋には園内の紅葉が四季を彩ります。まず、この北の丸公園の歴史を振り返ってみましょう。

九段坂公園から望む千鳥ヶ淵
代官町通りの土手から見た千鳥ヶ淵
靖国通り
靖国神社
半蔵濠
高射機関砲の台座
首都高速
内堀通り
千鳥ヶ淵緑道
千鳥ヶ淵
代官町通り
東京国立近代美術館工芸館（旧近衛師団司令部庁舎）
九段坂公園
田安門
日本武道館
九段坂
牛ヶ淵
九段会館テラス
北の丸公園
START
常燈明台
清水門
GOAL
九段下交差点
内堀通り
東京国立近代美術館
竹橋
清水濠
清水門
日本橋川
N
200m

1590（天正18）年、徳川家康は江戸に入ると、城郭及び城下町の建設に着手します。この建設事業の一環で、飲料水を確保するため、江戸城の北を流れていた沢がせき止められ、現在でいうダムが建設されました。これが、「千鳥ヶ淵」と「牛ヶ淵」です。

その後、征夷大将軍となった家康は、1603（慶長8）年に江戸に幕府を開くと天下普請を発令し、より大規模に城郭及び城下町の整備を推進します。この時、千鳥ヶ淵と牛ヶ淵は内濠として活用され、江戸城北の丸が築かれました。江戸城の内濠のうち、千鳥ヶ淵と牛ヶ淵は〝淵〟と呼ばれるのに対し、たとえば清水濠のように、他の内濠は防衛施設を意味する〝濠〟と呼ばれるのは、こうした建設当初の成り立ちの違いによるものであると言われています。

1657（明暦3）年に発生した明暦の大火以降、北の丸はしばらく火除地（ひよけち）として空地となっていましたが、1716（享保元）年に徳川吉宗が八代将軍に就いて以降、御三卿である田安徳川家と清水徳川家がここに上屋敷を構え、幕末まで続きました。

明治に入り、江戸城跡に皇居が置かれると、1874（明治7）年、北の丸は近衛師団の兵営地となり、そのまま終戦を迎えます。

戦後、北の丸は、1946（昭和21）年に東京特別都市計画緑地として、さらに東京都市計画公園として都市計画決定され、当初は東京都により整備される予定でしたが、1963（昭和38）年からは建設省により公園整備が進められました。

その後、1969（昭和44）年の整備完了に伴い、公園管理は厚生省に移管され、昭和天皇の還暦を記念して、皇居外苑国民公園の一部、北の丸公園として広く一般に開放されました。また、１９７１（昭和46）年には、厚生省から環境庁（当時）に公園管理が移管されました。なお、江戸城跡は、１９６０（昭和35）年に国の史跡、さらに１９６３（昭和38）年に国の特別史跡に指定されています。

　こうした変遷を経て現在に至る北の丸公園とその周辺には、各時代の記憶をとどめる土木遺産がちりばめられています。それらをたどりながら、九段下交差点を起点に北の丸公園をぐるりと一周してみましょう。

九段坂の今昔

　九段下交差点から西を眺めると、市ヶ谷方面へ靖国通りの急勾配の坂道が続いています。九段下から見上げるこの急坂こそ、江戸時代から続く「九段坂」です。坂名の由来は諸説ありますが、18世紀初頭頃、江戸城役人の官舎が坂に沿って九段並んでいたから、あるいは急な坂に九段の石段が設けられていたからと言われています。また、かつて九段坂北側の町名が飯田町であったことから、九段坂は飯田坂もしくは飯田町坂とも呼ばれていました。

　九段坂がいかに急勾配であるかを物語るエピソードとして、九段坂に隣接する「牛ヶ淵」は、九段坂を登る牛車が淵に転落したことからその名がつけられたと言われています。また、１９０７（明治40）年に九段坂に路面電車が走るようになりますが、この急勾配を上ることができなかったため、九段坂の脇（牛ヶ淵側）に、九段坂に沿って新たに緩勾配の坂道が築かれ、そこに路面電車が通されました。こうした九段坂の急勾配の様子は、葛飾北斎の「くだんうしがふち」をはじめ、当時の浮世絵や図会、絵葉書等に描かれています。一方、坂上は観月の名所としても広く親しまれていました。

九段坂は、関東大震災後の帝都復興事業の一環で、東京の都心部を東西に貫く幹線第2号街路（大正通り（現在の靖国通り））の一部として改修されました。この時、急勾配の坂道は緩勾配に切り下げられて、現在に至っています（写真2）。ちなみに、この帝都復興事業において、九段坂にはわが国初となる幹線共同溝※が設置されました。

それでは、九段下交差点を出発して、九段坂を上りはじめましょう。

写真2　現在の九段坂　右前方が靖国神社、左前方が九段坂公園

※共同溝：電話、電気、ガス、上下水道、工業用水道などの公益物件のうち2つ以上を収容するため、道路の地下に設置される施設のこと。内部に人が出入りして、維持点検などの管理作業を行うための空間なども確保されている。このうち、幹線ケーブルや幹線管路を収容するものを幹線共同溝、沿道地域へ直接サービスするケーブルや管路を収容するものを供給管共同溝といい、幹線共同溝はおもに車道部の地下に、供給管共同溝はおもに歩道部の地下に設置される。

田安門から九段坂公園、千鳥ヶ淵へ

蓮の葉が浮かぶ牛ヶ淵を左手に見ながら九段坂を上ると、左手前方に重厚な枡形門が見えてきます。

写真３　田安門

１６３６（寛永13）年創建、国指定重要文化財の「田安門」です（写真３）。その門名は、かつてこのあたりが田安台と呼ばれていたことに由来すると言われています。

田安門の前から北へ延びる早稲田通りは、牛込門のある飯田橋、そして神楽坂へと続く江戸以来の通りです。現在、九段坂から田安門へは、小坂を上るようにアクセスしていますが、帝都復興事業による九段坂の切り下げ以前は、おそらく平面に近い勾配で九段坂から田安門にアクセスしていたのではないでしょうか。

田安門の奥には、玉ねぎ形の屋根が特徴的な「日本武道館」がそびえています。日本武道館の設計は建築家の山田守で、１９６４（昭和39）年の東京オリンピックを控え、わずか1年という工期で、開幕前月の１９６４（昭和39）年9月に竣工しました。ちなみに山田守は、永代橋や聖橋といった帝都復興事業により架けられた復興橋梁の設計にも携わっています。

かつて江戸城への入口であった田安門は、現在は北の丸公園や日本武道館への入口として、その存在感を誇っています。日本武道館で開催されるスポーツイベントやコンサート、あるいは入学式や卒業式に向かう際、田安門をくぐった経験のある人も少なくないのではないでしょうか。

さて、田安門をあとに九段坂をさらに上ると、右手に「靖国神社」の参道の銀杏並木が見えてきます（写真4）。靖国神社は、1869（明治2）年に戊辰戦争の戦死者の霊魂を鎮めるために「東京招魂社」として建立され、1879（明治12）年に靖国神社に改称されました。

この靖国神社の向かい、つまり九段坂を上る左手に、巨大な燈籠や銅像が置かれた一風変わった公園が設置されています。九段坂に沿って整えられたこの公園は、その名も「九段坂公園」です。

九段坂公園にさしかかるとまず目に留まるのが、「常燈明台」（正式名称：高燈篭）と呼ばれる巨大な燈篭です（写真5）。この常燈明台は、1871（明治4）年に靖国神社（当時東京招魂社）に祭られた霊のために建立されたもので、当初は靖国神社の参道入口付近に置かれていましたが、帝都復興事業による九段坂改修に際し、1930（昭和5）年に現位置に移設されました。かつては、東京湾を行きかう船からも常燈明台の明かりが見えたことから、目印としていわば灯台の役目も果たしていました。

九段坂公園には、常燈明台のほか、巨大な二体の銅像も置かれています。九段坂を背に、向かって左が長州藩出身の政治家、内務大臣を務めた品川弥二郎（写真6）、向かって右が薩摩藩出身の軍人、陸軍大臣を務めた大

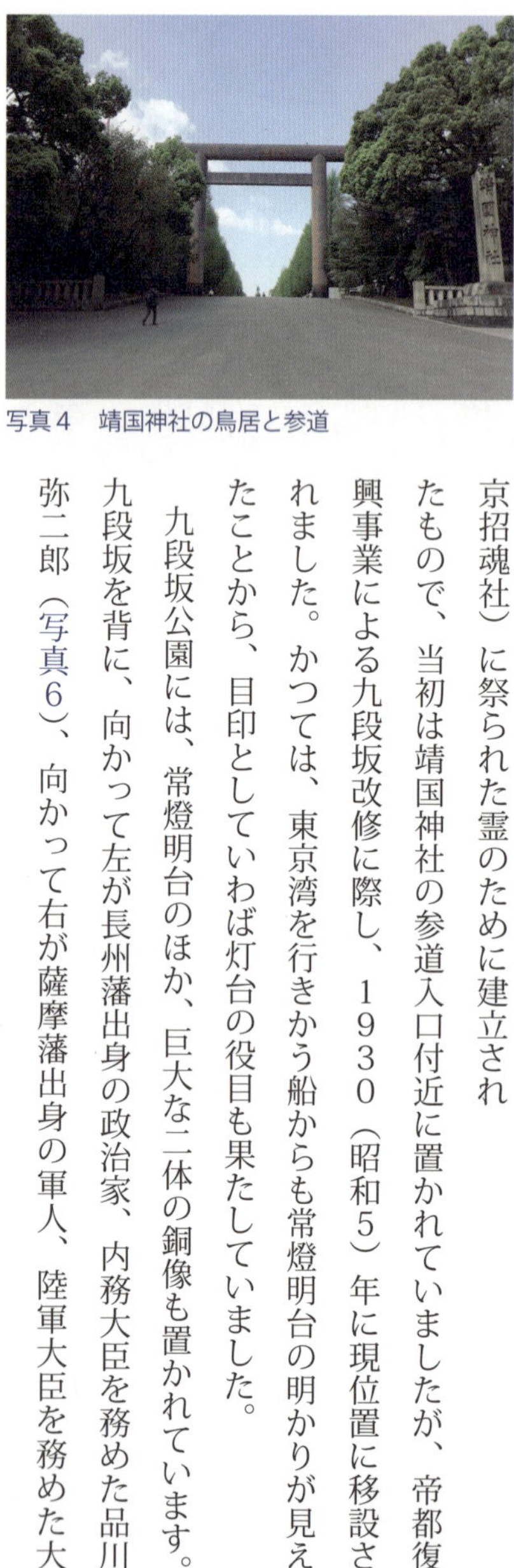
写真4　靖国神社の鳥居と参道

写真5　常燈明台

山巌（いわお）（写真7）です。品川弥二郎像は、1907（明治40）年に九段坂公園に設置されたものですが、大山巌像は、1919（大正8）年に参謀本部及び陸軍省のあった現在の国会前庭に設置されたものが、その後東京都美術館を経て1969（昭和44）年に現位置に移設されたものです。

九段坂公園は、かつては鬱蒼（うっそう）とした公園でしたが、2020（令和2）年にリニューアルオープンし、勾配を上手く使った4段の広場からなる、明るくのびやかな公園に生まれ変わりました（写真8）。園内からは、千鳥ヶ淵越しに東京タワーを望むことができ、桜の花見シーズンには多くの人が押し寄せる人気の眺望スポットとなっています（写真9）。

九段坂公園の西端を南に折れると、千鳥ヶ淵に沿って「千鳥ヶ淵緑道」

写真6　品川弥二郎像

写真7　大山巌像

写真9　九段坂公園から望む千鳥ヶ淵と東京タワー

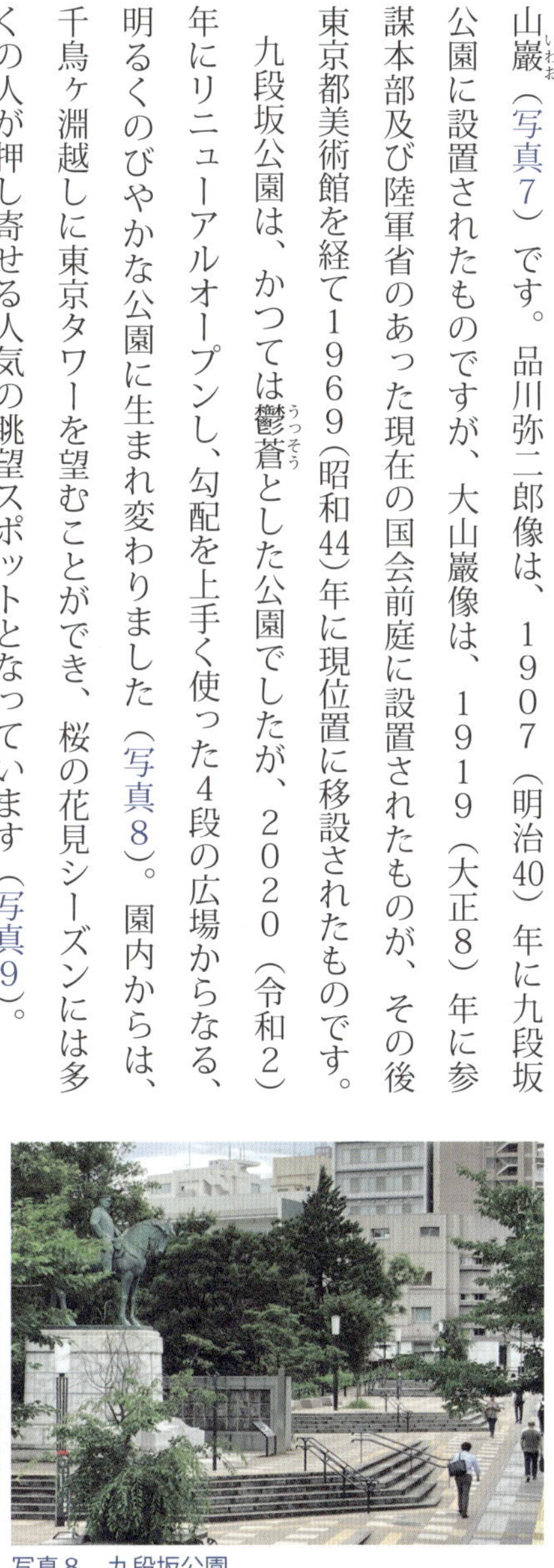

写真8　九段坂公園

が延びています。千鳥ヶ淵は、言わずと知れた桜の名所ですが、ここに桜が植えられたのは、明治半ば以降と言われています。千鳥ヶ淵は、前述の通り飲料水確保のために建設されたダムが内濠として活用されたものですが、かつては田安門から半蔵門に至る約1・5㎞の長さを誇る水面でした。それが、明治30年代の「代官町通り」の整備に伴い、土手で二つに分断され、現在のように千鳥ヶ淵と半蔵濠となったのです。

それでは、結果として千鳥ヶ淵を分断することになった代官町通りに歩を進めましょう。

代官町通りを西から東へ

千鳥ヶ淵緑道を抜け、内堀通りを南に折れて少し進むと、内堀通りと代官町通りが交差する千鳥ヶ淵交差点が見えてきます。徳川家康の入城当初、現在の北の丸公園一帯に関東総奉行内藤清成(ないとうきよなり)らの屋敷が置かれていたことから、この辺りは代官町と呼ばれるようになったと言われています。その地名の名残をとどめるのが代官町通りです。

代官町通りはかつて、半蔵門から城内に入り、濠（現在の半蔵濠、当時の千鳥ヶ淵）に沿って北へ進み、現在の代官町通りとぶつかる地点で東へ折れ、そこからほぼ現在の路線で東へ進み、竹橋へと抜けていました。この路線は、江戸城の鎮守である山王社（現在の日枝(ひえ)神社）の山王祭の祭礼ルートでもありました。それが、交通の便を図るため、明治30年代に千鳥ヶ淵を分断するかたちで現在の路線に改められたのです。

写真 11　高射機関砲の台座

写真 10　代官町通りの土手から見た千鳥ヶ淵と首都高速都心環状線

千鳥ヶ淵交差点から代官町通りに入ると、通りの北側、つまり左手に小高い土手が続きます。この土手を登ると、北へ延びる千鳥ヶ淵と、千鳥ヶ淵の水面すれすれを走る首都高速都心環状線を眺望することができます（写真10）。首都高速建設にあたり、千鳥ヶ淵の景観を損なわないよう、できるだけ低い位置に路線設定された結果、まるで千鳥ヶ淵の水面に浮く浮き橋のような景観が生まれたのです。

土手の上には、円筒形をしたベンチのようなコンクリート製の台座がいくつか置かれています（写真11）。実はこの台座は、第二次大戦中、アメリカ軍の空爆から皇居とその周辺を守るために設置された九八式高射機関砲の台座なのです。現在はベンチとして使われているこれらの台座は、北の丸公園の歴史を物語る遺産の一つと言えるでしょう。

代官町通りをさらに東へ、竹橋に向けてしばらく進むと、左手に2階建て煉瓦造のゴシック様式の建築物が見えてきます。国の重要文化財に指定されている「旧近衛師団司令部庁舎」です。近衛師団司令部庁舎は、陸軍技師の田村鎮（たむらやすし）の設計により、１９１０（明治43）年に竣工しました。１９７２（昭和47）年に重要文化財に指定され、１９７７（昭和52）年から２０２０（令和２）年まで東京国立近代美術館工芸館として利用されていました（写真12）。

皇居ランナーを脇目に、代官町通りをさらに東へ進み、緩やかな坂を下りきったところが、代官町通りの終点「竹橋」です。ちなみに、竹橋の橋名の由来は、かつて竹で編んだ橋が架かっていたからと言われていますが、現在は立派なコンクリート橋が架けられています。

清水門から旧九段会館へ

代官町通りをあとに、竹橋交差点から九段下に向けて内堀通りを北へ進むと、左手に、１６５８（万治元）年創建、国指定重要文化財の「清水門」が見えてきます（写真13）。清水門の門名の由来は、この辺りから清水が湧き出ていたから、あるいはこの辺りに清水寺があったからとも言われています。

清水門からさらに内堀通りを北へ進むと、左手に、最上部は城郭のような和風、下部は洋風という、帝冠様式と呼ばれる特徴的な建築様式の「旧九段会館」が見えてきます。１９３４（昭和９）年竣工の旧九段会館は、かつては軍人会館と呼ばれ、在郷軍人会の本部が置かれていました。戦後、連合国軍総司令部（ＧＨＱ）に一時接収されますが、

写真 12　旧東京国立近代美術館工芸館

写真 13　清水門

1957(昭和32)年に国から(財)日本遺族会に無償貸与され、九段会館の名称でホテルや貸しホール等として運営されてきました。2011(平成23)年の東日本大震災による被災後は閉館されていましたが、2022(令和4)年に、九段会館の一部が保存・復原された保存棟と、地上17階地下3階の新築棟からなる「九段会館テラス」として再生されました。

九段会館から内堀通りを北へ少し進むと、そこはもう九段下交差点です。

ここまで見てきたように、北の丸公園とその周辺には、近世から現代にわたる多様な年代の土木遺産が積層しています。そうした土木遺産の蓄積は、時代の要請にこたえながら、江戸以来建設されてきた都市のストックをうまく使いこなしてきた結果と言うことができます。今後も、北の丸公園とその周辺には様々な変化が訪れることでしょう。はたしてどのように変化していくのか、じっくりと見守りたいものです。

一周およそ3㎞の北の丸公園の周回コースは、歴史と自然を味わう散策を楽しみたい方や、健康づくりのために、ランニングはきついけれどウォーキングなら…という方におすすめです。

〈参考文献〉

大石学:『坂の町・江戸東京を歩く』、PHP研究所、2009
角川日本地名大辞典編纂委員会編:『角川日本地名大辞典　13東京都』、角川書店、1978
『東京人』　2017年7月号　「特集土木地形散歩」、都市出版株式会社、2017

7 芝公園（しばこうえん）

〜日本最古の公園周辺を歩く〜

２０１３（平成25）年6月21日、「東京タワー」が国の有形文化財（建造物）に登録されました。我が国の戦後復興そして高度経済成長の象徴として長く親しまれてきた東京タワーは、電波塔としての役割こそ東京スカイツリー（２０１２（平成24）年竣工）に譲ったとはいえ、今後は文化財として後世に引き継がれていくことになります。

東京タワーの設計は、名古屋のテレビ塔や大阪の通天閣の設計も担い、塔博士の異名をとる内藤多仲（ないとうたちゅう）です。１９５７（昭和32）年着工、１９５８（昭和33）年竣工、高さ３３３ｍを誇る東京タワーは、パリのエッフェル塔を凌（しの）ぎ、自立式鉄塔として当時の世界最高を記録しました。以来、東京タワーは、電波塔としての役割にとどまらず、まさに東京のランドマークとして多くの人々の記憶に刻まれ、また様々な映画やアニメ、文学作品にも描かれてきました。東京タワーにまつわる思い出を持つ人も、少なくないのではないでしょうか。

さて、唐突に東京タワーの話題から入りましたが、この東京タワーは、比較的地盤の良い武蔵野台地の東縁付近に建設されました。起伏が豊かな東京タワー周辺には、その地形特性を反映した多様なインフラ施設が点在しています。また、東京タワーの足元には、徳川家の菩提（ぼだい）寺であり、江戸以来の観光拠

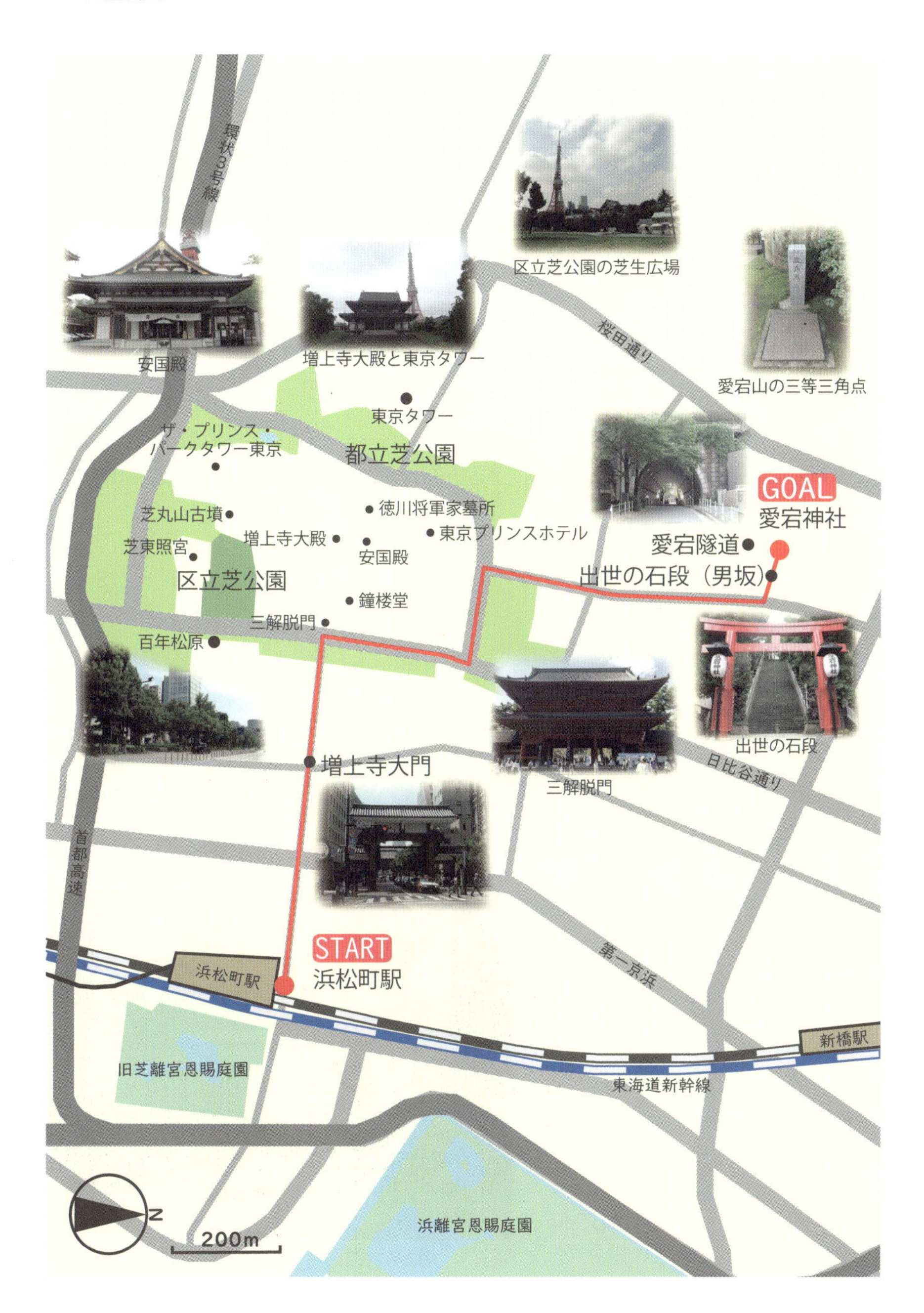
環状3号線
安国殿
増上寺大殿と東京タワー
区立芝公園の芝生広場
桜田通り
愛宕山の三等三角点
東京タワー
ザ・プリンス・パークタワー東京
都立芝公園
芝丸山古墳
徳川将軍家墓所
増上寺大殿
安国殿
東京プリンスホテル
芝東照宮
区立芝公園
GOAL
愛宕神社
愛宕隧道
出世の石段（男坂）
鐘楼堂
三解脱門
百年松原
増上寺大門
三解脱門
出世の石段
日比谷通り
首都高速
第一京浜
START
浜松町駅
浜松町駅
新橋駅
旧芝離宮恩賜庭園
東海道新幹線
浜離宮恩賜庭園
N
200m

点とも言える増上寺や、明治に入り増上寺の境内を公園化した芝公園も広がっています。東京タワーを見上げながら、芝公園周辺に息づく多様な土木遺産を見て歩きましょう。

増上寺大門と三解脱門（さんげだつもん）

ＪＲ東日本浜松町駅もしくは都営大江戸線大門駅を出ると、五街道の一つである東海道の路線を受け継ぐ第一京浜（国道15号）が南北に走っています。これに交差して、増上寺に向けて西へ一直線に延びる街路、現在は「大門通り」と呼ばれるこの街路こそ、江戸以来の増上寺の参道です。その名の通り、大門通りは「増上寺大門」（写真1）をくぐり、増上寺へと続いています。

現在の大門は、旧大門の意匠を踏襲した高麗門（こうらいもん）として、１９３７（昭和12）年に鉄骨鉄筋コンクリート造で再建されたものです。中央の車道2車線と両側の歩道をまたぐ重厚な大門は、周囲の高層ビルにも引けを取らない存在感を示しています。なお、この大門は、２０１６（平成28）年に港区の有形文化財（建造物）に登録されました。

写真１　増上寺大門

大門をくぐり、増上寺に向けて歩を進めると、正面に「三解脱門」（写真2）が見えてきます。大門から三解脱門まで、その距離はおよそ１０８間あります。そう、〝１０８〟という数字でお気づきのよ

写真２　三解脱門

うに、大門から三解脱門まで参道を進み、さらに三解脱門をくぐると、１０８の煩悩から解脱すると言われています。

ところで、三解脱門の手前を横切る日比谷通り沿いには、大門通りを挟むように松林が広がっています（写真３）。日比谷通りに沿って長さ４００ｍに及ぶこの松林は「百年松原」とも呼ばれ、もとは１６４０（寛永17）年に幕府の命により植林されたものです。

松林を抜けて日比谷通りを渡ると、そこには間口約19ｍ、奥行約９ｍ、高さ約21ｍ、重層入母屋造※の三解脱門がそびえています。国指定の重要文化財（建造物）となっている三解脱門は、１６２２（元和８）年に建立され、関東大震災や戦災を免れた都内最古級の建造物です。この三解脱門をくぐると、貪（むさぼり）・瞋（いかり）・癡（おろかさ）の三煩から解脱すると言われています。

※入母屋造：入母屋に造る屋根形式のこと。入母屋とは、上部が切妻のように二方へ傾斜し、下部は寄棟のように四方に傾斜するもの。

写真３　百年松原（日比谷通り沿いの松林）

写真4　増上寺大殿と東京タワー

江戸の裏鬼門（うらきもん）を抑える増上寺

三解脱門をくぐると、そこは「増上寺」の境内地です。浄土宗七大本山の一つ、徳川家の菩提寺でもある増上寺は、１５９８（慶長３）年、江戸城から見て南西の裏鬼門にあたるこの地に20万坪を超える境内地を与えられ、日比谷から移転してきました。ちなみに、北東の鬼門にあたる上野の山には、東叡山寛永寺が置かれました。

境内地に入ると、三解脱門の正面には「大殿」（写真４）がそびえています。この大殿は、戦災で焼失した本堂が、１９７４（昭和49）年に再建されたもので、まるで東京タワーを背後に従えるような威容を誇っています。

かつて20万坪以上あった増上寺の境内地は、明治政府に接収されるなどして、現在は2万7千坪あまりに縮小されましたが、そこには大殿をはじめ、勝運守が話題の「安国殿」（写真5）や「徳川将軍家墓所」、大梵鐘（ぼんしょう）が釣られる「鐘楼堂」（写真6）など、数々の見どころがあります。

こうした増上寺の境内地をぐるりと囲むように設置された公園が、日本最古の公園の一つである「芝公園」です。

写真５　安国殿

写真６　鐘楼堂

日本最古の公園　芝公園

１８７３（明治６）年の太政官布達（だいじょうかん）により、芝のほか上野、浅草、深川、飛鳥山（あすかやま）の５か所に、日本で最初の公園が指定されました。芝公園は、かつては増上寺の境内地を含む広大な公園でしたが、戦後の政教分離により増上寺の境内地は公園から分離され、その結果芝公園は、増上寺の境内地を囲む環状の公園となりました。

少しややこしいのですが、実は、芝公園には東京都立芝公園と港区立芝公園の二つの芝公園があります。環状の公園が都立芝公園（面積約１２２、０００㎡）で、その内側にあるのが区立芝公園（面積約１３、０００㎡）です。都立と区立がなぜ混在することになったのか・・・ぜひ調べてみてください。

都立芝公園には、テニスコートや野球場兼競技場、児童遊園などが置かれ、前述の百年松原も都立芝公園の一部です。また、都立芝公園の一角には、都内最大級規模の前方後円墳と言われる東京都指定史跡「芝丸山古墳」（写真７）もあります。さらに、都立芝公園の内側には、増上寺や区立芝公園のほか、徳川家康を祭神

写真７　芝丸山古墳

とする「芝東照宮」（写真8）や、1964（昭和39）年の東京オリンピック開催を背景として徳川家霊廟跡に1964（昭和39）年に竣工した「東京プリンスホテル」（写真9）、そして芝ゴルフ場跡地に2005（平成17）年に竣工した丹下都市建築設計の設計による「ザ・プリンス・パークタワー東京」など、実に多様な施設が立地しています。

一方、面積は狭いものの、区立芝公園ののびやかに広がる芝生広場は、東京タワーを眺める絶好の眺望点として親しまれています（写真10）。

写真8　芝東照宮

写真9　東京プリンスホテル

写真10　区立芝公園の芝生広場から眺める東京タワー

愛宕山(あたごやま)と愛宕隧道(ずいどう)※

芝公園をあとに、東京タワーを背に北へと歩みを進めると、「愛宕山」が見えてきます。山と言っても標高はわずかに25・7mですが、実は天然の山としては東京23区で〝最高峰〟を誇ります。現在では、周辺に林立する高層ビルに埋もれるようにたたずむ愛宕山ですが、かつては江戸・東京の市街を一望できる眺望点でした。

愛宕山には、地図を作製する際の測量に用いる三等三角点※が設置されています。現在、三角点を示す測量標は鉄蓋の下に置かれていますが、三角点がある場所を示す標石がそばに建てられています（写真11、図1）。ちなみに、三等三角点のそばにある池の底には、日本最古の三角点が潜んでいるそうです。愛宕山は、測量にあたりとても重要な山なのですね。

江戸時代、愛宕山は雪月花の名所として知られ、ここからの眺望は、歌川広重や葛飾北斎らにより数々の浮世絵に描かれました。また、その眺望は、古写真にも記録されています。たとえば、英国籍の写真家フェリックス・ベアトが、幕末に愛宕山から撮影した江戸市街のパノラマ写真をご覧になった

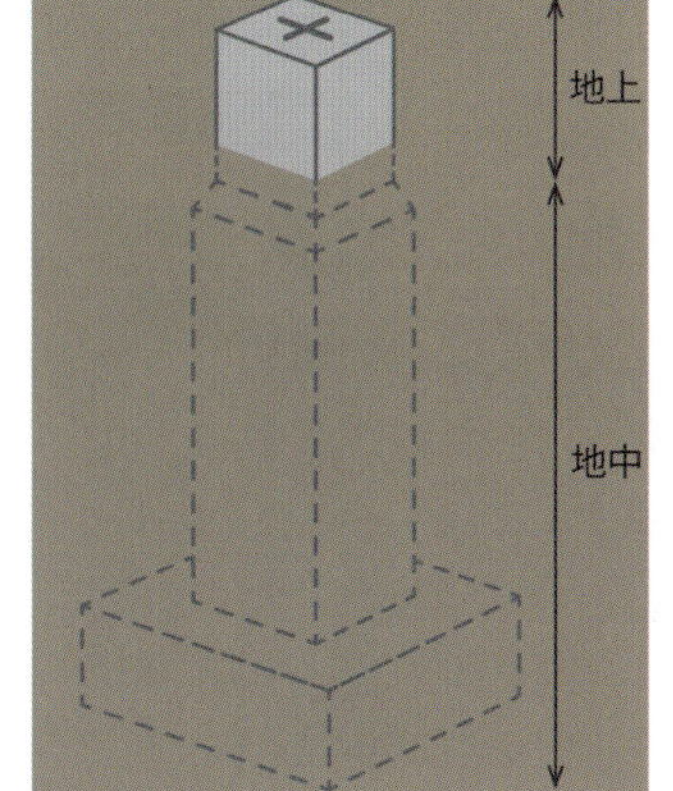

図1　三角点の測量標のイラスト

写真11　愛宕山の三等三角点（三角点は鉄蓋の下）

写真 12　愛宕神社

方も多いのではないでしょうか。
愛宕山の頂には、1603（慶長8）年に徳川家康の命で防火の神様として祀られた「愛宕神社」（写真12）があります。この愛宕神社に至る急勾配の「男坂」（写真13）は、江戸時代の故事にちなんで「出世の石段」とも呼ばれています。出世の石段と聞けば、86段ある急勾配の石段を上るのも苦にならないのではないでしょうか・・・。

愛宕山の麓に目を向けると、南北に細長い愛宕山のちょうど真ん中あたりに、東西をつなぐトンネルが掘られています。東京都23区内唯一の山岳トンネルと言われる「愛宕隧道」（写真14）です。

愛宕隧道は、軟弱な地質に対処するため、施工にあたり様々な工夫が施されました。また、西側の坑門は、道路中心線に対して直交ではなく70度の角度で交差するめずらしい造りとなっています。さ

写真 13．出世の石段（男坂）

写真 14　愛宕隧道

らに、東西の両坑門は、美観に配慮してコンクリートの外壁に花崗岩の積石による化粧が施され、当時の技術者の景観に対する意識の高さがうかがえます。愛宕隧道は、延長76・6m、高さ6・7mの小ぶりな隧道ですが、そのたたずまいには、長い歴史と技術者の誇りを反映した風格が備わっています。

愛宕山の北には、2014（平成26）年3月に開通した環状2号線「新虎通り（しんとらどおり）」が通されています。1946（昭和21）年に計画されたこの道路は、別名マッカーサー道路とも呼ばれ、およそ70年の歳月を経てようやく開通に至りました。開通に伴う沿道開発が進む新虎通りは、今後、東京の新たな顔となることでしょう。

こうした新旧の施設が積層し、それらが混然一体となった芝公園周辺は、まさに東京らしさの表れた〝まち〟と言えるのではないでしょうか。東京とは、はたしてどのような〝まち〟なのか。そのヒントを探しに、芝公園周辺を散策してみてはいかがでしょうか。

※隧道：トンネルのこと。
※三角点：三角測量の際の基準となる点のこと。方形の花崗岩あるいは金属の測量標を置く。

〈参考文献〉

杉山鏡介：「愛宕隧道開鑿工事に就て」『土木建築工事画報』（第6巻9号）、pp.18-23, 工事画報社、1930

8 神宮外苑（じんぐうがいえん）

～東京オリンピックの舞台を歩く～

江戸時代、現在の明治神宮外苑の地には、大名の藩邸をはじめとする武家屋敷や町屋が建ち並んでいました。明治に入ると、この一帯は陸軍青山練兵場（れんぺいじょう）へと姿を変えます。その後、明治天皇崩御ののち、その偉業を顕彰するため、青山練兵場の跡地に建設されたのが明治神宮外苑です。

外苑の建設は、１９１８（大正７）年に始まり、関東大震災に伴う工事の一時中断を乗り越え、１９２６（大正15）年に竣工しました。以来、外苑では、新旧の国立競技場を中心に、オリンピックをはじめとする様々な国家イベントが開催されてきました。

そうした国家イベントの舞台となってきた明治神宮外苑とその周辺の土木遺産を見て歩きましょう。

聖徳記念絵画館と銀杏並木

さっそく、外苑の苑内を巡ってみましょう。外苑において最もシンボリックな空間といえるのが、４列の銀杏並木がヴィスタ※をなす「聖徳記念絵画館前通り」です。ヴィスタとは、一般に並木や街並みなどを通した見通しや眺望、もしくはそれらを際立たせる都市設計手法のことで、聖徳記念絵画館前通りでは、青山通りから聖徳記念絵画館に向けて、まるで焦点を絞るように並木が続いています

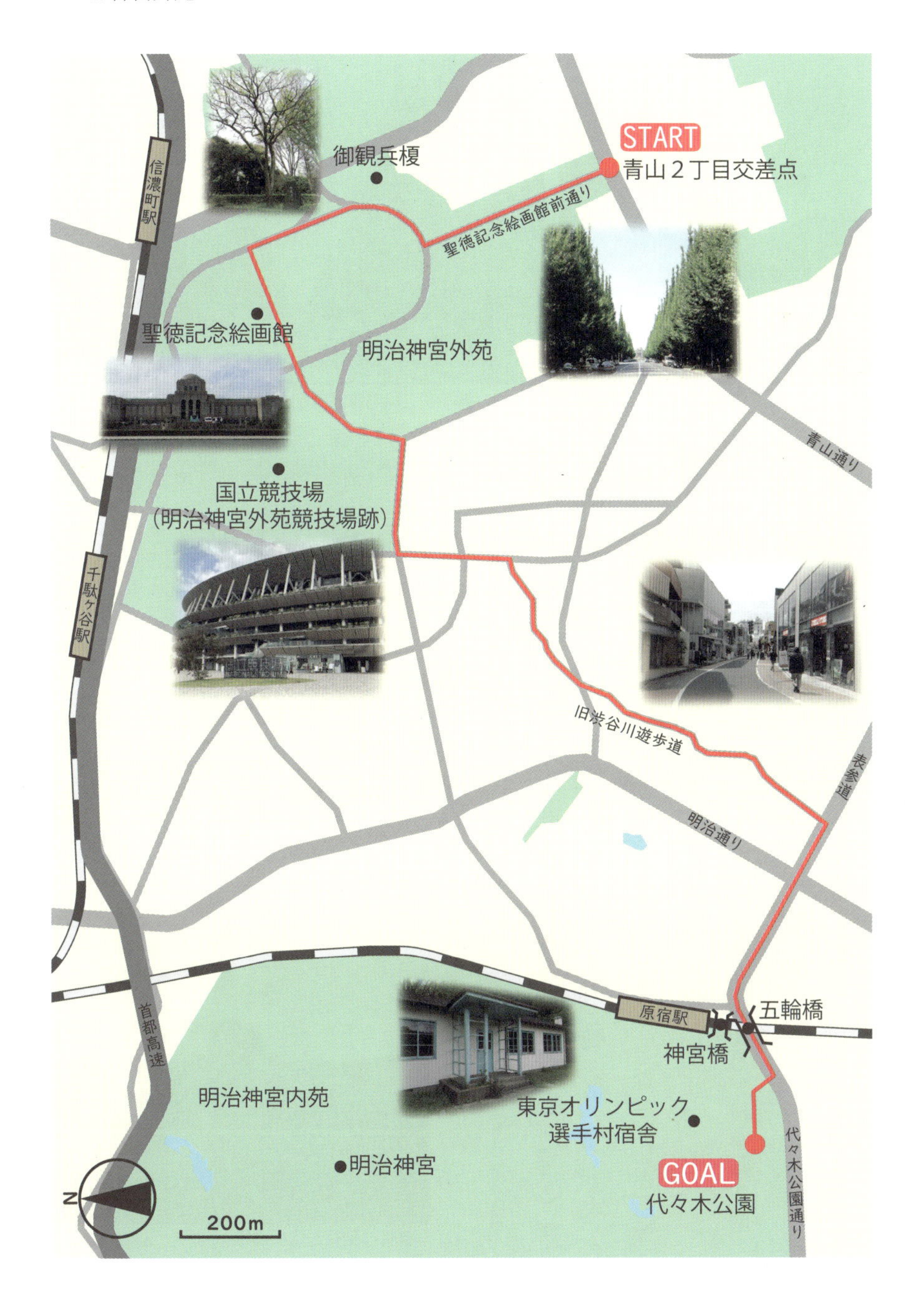
START
青山２丁目交差点
御観兵榎
信濃町駅
聖徳記念絵画館前通り
聖徳記念絵画館
明治神宮外苑
青山通り
国立競技場
（明治神宮外苑競技場跡）
千駄ヶ谷駅
旧渋谷川遊歩道
表参道
明治通り
原宿駅
五輪橋
神宮橋
首都高速
明治神宮内苑
東京オリンピック
選手村宿舎
明治神宮
GOAL
代々木公園
代々木公園通り
N
200m

写真2　御観兵榎

写真1　聖徳記念絵画館前通り

（写真1）。秋の黄葉シーズンともなると、絵画館前通りには多くの人々が訪れ、まさに日本を代表するヴィスタということができるでしょう。

青山通りから絵画館前通りを北へ進むと、右手に広がる森のような空間の一角に、「御観兵榎（ごかんぺいえのき）」と呼ばれる榎が立っています（写真2）。

御観兵榎は、この地が陸軍青山練兵場だったころ、明治天皇が度々この榎の前で観兵式を行っていたことから名づけられたものです。しかし、初代の御観兵榎は、1995（平成7）年の台風で倒木してしまい、現在は2代目がその歴史を受け継いでいます。

絵画館前通りのヴィスタの焦点（アイストップ※）となっている聖徳記念絵画館（写真3）は、1926（大正15）年に竣工しました。この絵画館には、明治天皇と昭憲皇太后の事蹟を伝える、日本画40面、洋画40面、計80面の壁画が展示されています。

写真3　聖徳記念絵画館

ここで、絵画館前広場の足元に目を転じると、壮麗なたたずまいの絵画館とは対照的に、絵画館前広場のアスファルト舗装には縦横に無数の亀裂が走り、一見、維持管理の行き届いていない舗装のように見えます（写真4）。しかしこの舗装こそ、わが国に現存する車道用アスファルト舗装としては最古級の舗装であり、土木学会の選奨土木遺産にも認定されています。

こうした由来を知ると、舗装に走る無数の亀裂も、その一つひとつが、神宮外苑の歴史を刻む皺のように見えてきます。

※ヴィスタ：見通しをきかせた直線街路を敷設する都市設計手法のこと。ヴィスタをより際立たせるために、街路の突きあたりにアイストップを置いたり、沿道建築物の壁面や高さをそろえたり、沿道に並木を植栽したりする手法がある。さらに、遠景の山にヴィスタの焦点をあてる山あてと呼ばれる手法もある。

※アイストップ：人の視線を引き付けることを考慮して意図的に配置された建築物やオブジェ、樹木などのこと。

国立競技場の今昔

聖徳記念絵画館の西側には、東京2020オリンピックのメイン会場となった「国立競技場」（写真5）がそびえています。

写真4　絵画館前広場の舗装

写真5　国立競技場

外苑竣工当時、ここには「明治神宮外苑競技場」が置かれていました。明治神宮外苑競技場は、日本初の本格的な陸上競技場として、陸上競技のほか、サッカーやラグビーなども行われていました。また、太平洋戦争末期には、学徒出陣の壮行会もここで行われました。そうした歴史を見守ってきた明治神宮外苑競技場ですが、戦後、オリンピック招致に向けて大会運営能力を国際社会に示すため、1958（昭和33）年に東京で開催することになった「第3回アジア競技大会」のメイン会場、すなわち旧国立競技場として生まれ変わることになりました。

旧国立競技場は、1957（昭和32）年の1月に着工し、およそ1年後の1958（昭和33）年3月に竣工しました。鉄筋コンクリート造4階建て、高さ約30mの競技場は、収容人員52,000人、スタンド下には博物館、食堂、ホテル、貴賓（きひん）関係室などが設置されました。アジア大会が成功裏に終わり、1964（昭和39）年のオリンピック開催地が東京に決まると、メイン会場の旧国立競技場では、スタンドの拡張及び改修が行われました。1964（昭和39）年の東京オリンピックでは、旧国立競技場で開会式及び閉会式のほか、馬術、陸上競技、サッカーなどの競技も行われました。

その後も、様々な大会のメイン会場として選手等の活躍を見守り続けた旧国立競技場ですが、東京2020オリンピックに向けた新国

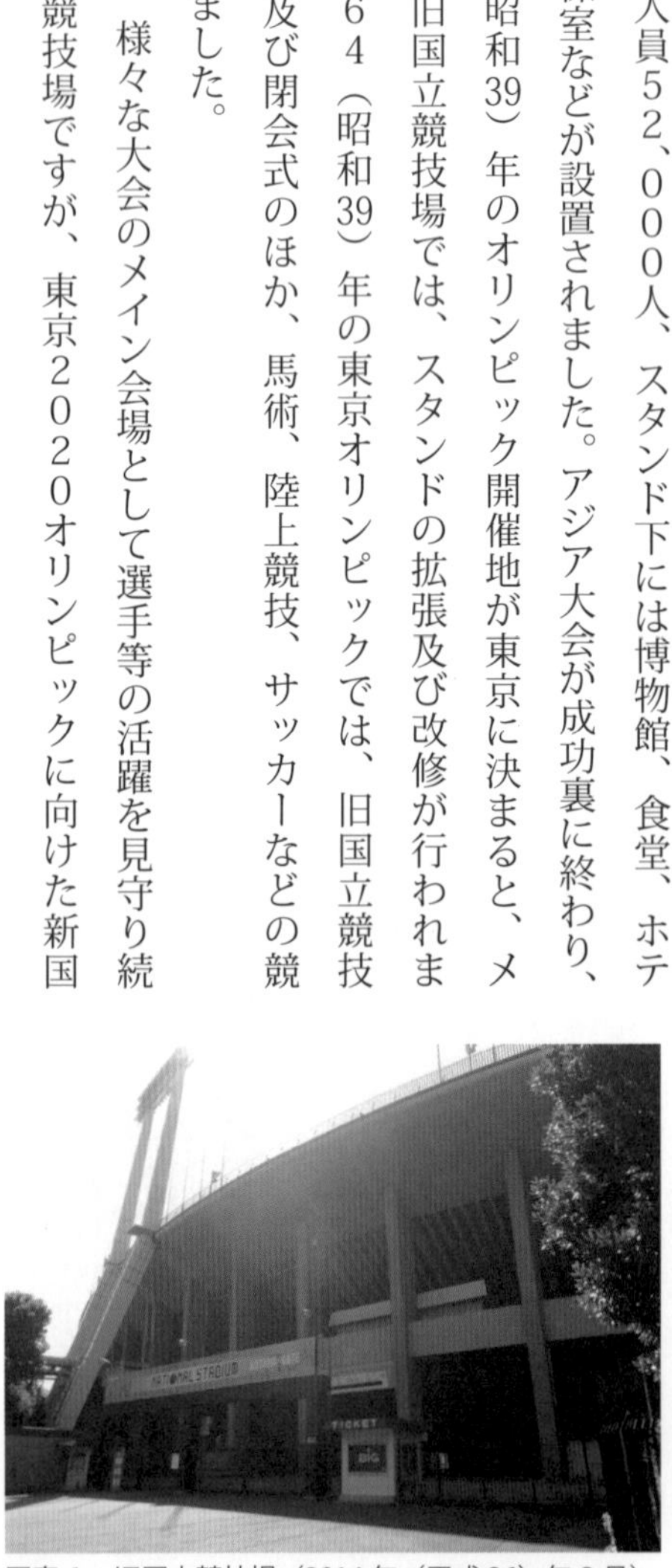

写真6　旧国立競技場（2014年（平成26）年8月）

写真７　渋谷川流路跡の街路

立競技場への建て替えのため、２０１４（平成26）年に競技場としての役割を終え、その歴史に幕を閉じました（写真６）。

２０１９（令和元）年に竣工した新たな国立競技場は、〝杜のスタジアム〟をコンセプトとして、建築家の隈研吾（くまけんご）氏のデザインにより、木材と鉄骨を組み合わせたハイブリッド構造のスタジアムとなっています。この国立競技場にも、東京２０２０オリンピックをはじめとして、これから様々な歴史が刻まれていくことでしょう。

渋谷川跡をたどり表参道へ

国立競技場をあとに、緩やかな坂道を下りきると、谷底のような場所に行きつきます。この谷地こそ、現在では大部分が暗渠化されてしまった「渋谷川」の流路跡です。

渋谷川といえば、その支流が唱歌「春の小川」の舞台になったと言われる河川ですが、もとは新宿御苑を水源とし、神宮外苑から表参道を抜け、渋谷駅前を通り、そこから現在でも開渠となっている流路を経て、港区内では「古川（ふるかわ）」と呼び名を変え、東京湾に注いでいました。

神宮外苑から渋谷川の流路跡をたどっていくと、まさしく蛇のようにくねくねと蛇行する街路に入ります（写真７）。この街路を奥へ奥へと進むと、キャットストリートの愛称で親しまれる「旧渋谷川遊歩道」

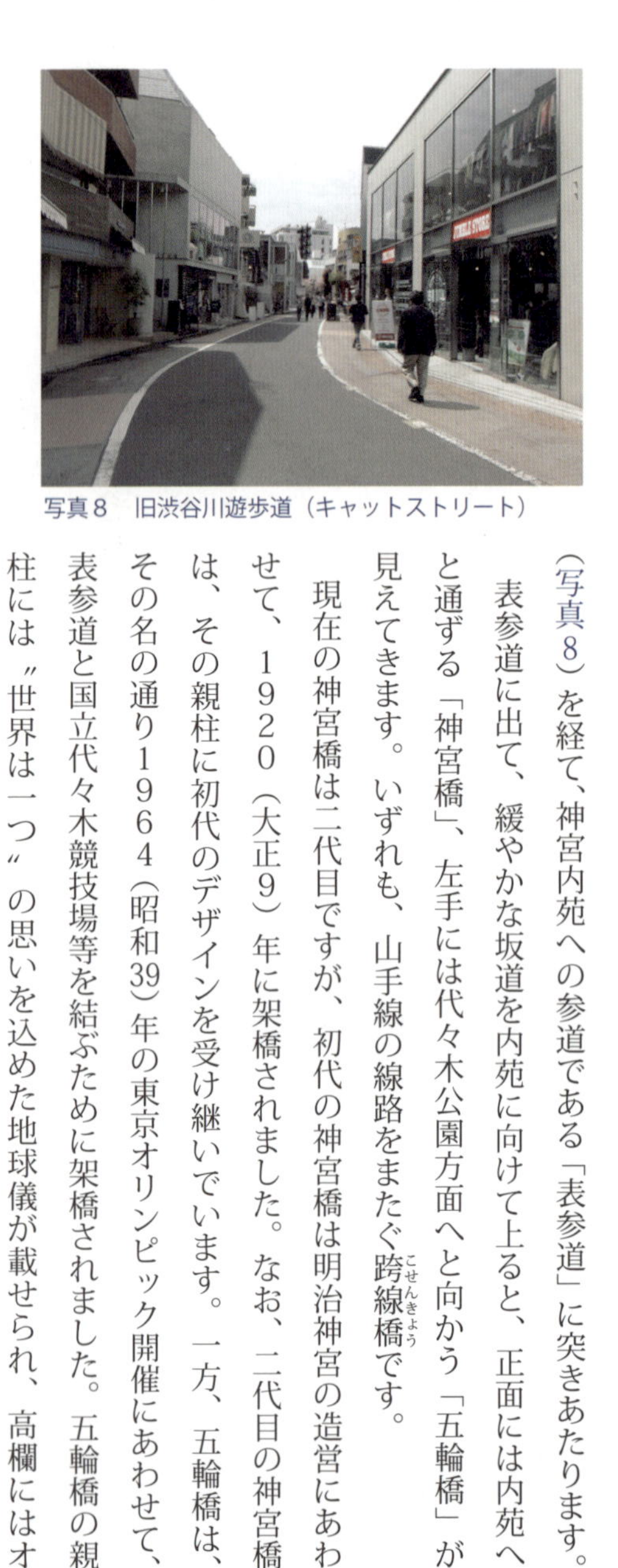

写真８　旧渋谷川遊歩道（キャットストリート）

（写真8）を経て、神宮内苑への参道である「表参道」に突きあたります。

表参道に出て、緩やかな坂道を内苑に向けて上ると、正面には内苑へと通ずる「神宮橋」、左手には代々木公園方面へと向かう「五輪橋」が見えてきます。いずれも、山手線の線路をまたぐ跨線橋（こせんきょう）です。

現在の神宮橋は二代目ですが、初代の神宮橋は明治神宮の造営にあわせて、１９２０（大正９）年に架橋されました。なお、二代目の神宮橋は、その親柱に初代のデザインを受け継いでいます。一方、五輪橋は、その名の通り１９６４（昭和39）年の東京オリンピック開催にあわせて、表参道と国立代々木競技場等を結ぶために架橋されました。五輪橋の親柱には〝世界は一つ〟の思いを込めた地球儀が載せられ、高欄にはオリンピック種目をイメージしたレリーフが施されています。

五輪橋を渡りきると、右手に代々木公園が広がります。現在の代々木公園一帯は、明治末には陸軍代々木練兵場が置かれ、ここで観閲式なども行われていました。１９１０（明治43）年に、徳川好敏（とくがわよしとし）及び日野熊蔵の両陸軍大尉が、日本初の動力飛行に成功したのもこの場所です。

戦後は進駐軍に接収され、ワシントンハイツと呼ばれる米軍家族の居留地になりましたが、１９６１（昭和36）年に日本に返還されると、１９６４（昭和39）年の東京オリンピックの選手村となり、その後、１９６７（昭和42）年に代々木公園として開園しました。現在でも、代々木公園の一角には、東京オリンピックの選手村の宿舎が1棟保存されており（写真9）、いまに至る土地の履歴の一端を垣間見ることができます。

明治神宮外苑とその周辺の歴史を振り返ると、この場所が、数々の国家イベントを受け入れてきた、懐の深い包容力のある場所であることがわかります。その足跡をたどることで、きっと未来を見通す力が養われることでしょう。

2024（令和6）年現在、神宮外苑では再開発が進み、その行く末について様々な議論がなされています。先人が築いてきたストックを食い潰してしまうのか、あるいはより価値を高めて未来へと継承していくのか、現在を生きる私たちの見識と力量が試されているのではないでしょうか。

写真9　東京オリンピックの選手村の宿舎

〈参考文献〉

片木篤：『オリンピックシティ東京1940・1964』、河出書房新社、2010

9 内藤新宿（ないとうしんじゅく）
～甲州街道 内藤新宿を歩く～

新宿という地名は全国に数多ありますが、日本で最も有名な新宿はどこかと問われれば、誰しもが、東京都庁があり、世界一の一日平均乗降者数を誇る新宿駅があり、そして区の名前にもなっている東京都新宿区の「新宿」を思い浮かべるのではないでしょうか。

新宿の地名は、江戸時代、五街道の一つである甲州街道に設置された「内藤新宿」に由来します。かつて、現在の新宿駅の東方に広がっていた内藤新宿は、甲州街道の第一の宿場、そして江戸四宿（ししゅく）※の一つとしてたいへん賑わっていました。この内藤新宿が、現在の新宿の礎となったのです。

内藤新宿を中心に、新宿の発展を支えてきた土木遺産を見て歩きましょう。

※江戸四宿：江戸から諸国へ向かう街道の第一の宿場、逆に言えば、諸国から江戸に入る玄関口となった宿場のこと。東海道の品川宿、中山道の板橋宿、奥州・日光街道の千住宿、甲州街道の内藤新宿の４つの宿場の総称。

甲州街道と四ツ谷大木戸

１６０３（慶長８）年、徳川家康は江戸に幕府を開くと、日本橋を起点とする五街道の整備に着手しました。このうち、内藤新宿が置かれた「甲州街道」は、江戸と甲府を結び、さらに下諏訪まで伸び、

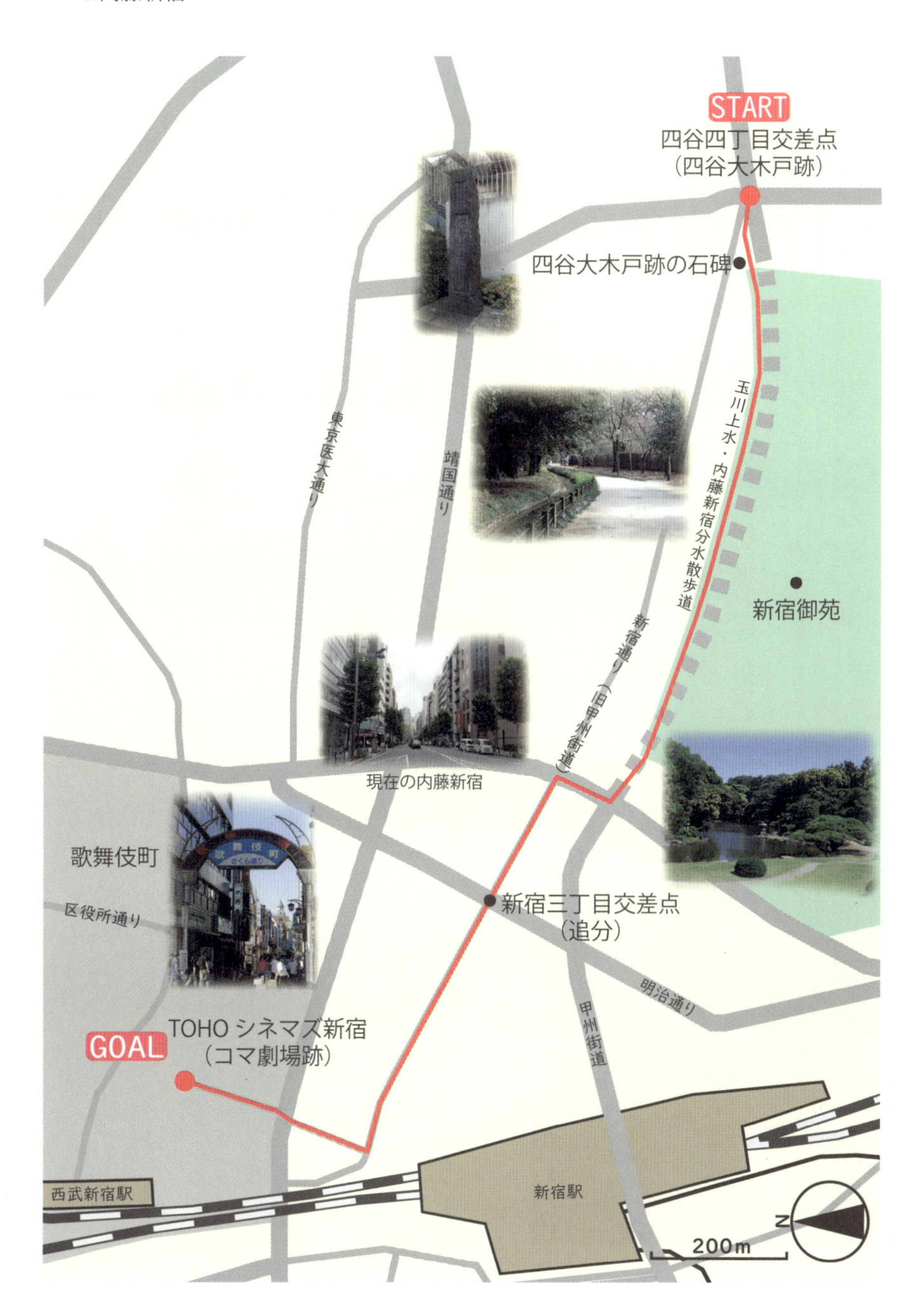
START
四谷四丁目交差点
（四谷大木戸跡）
四谷大木戸跡の石碑
玉川上水・内藤新宿分水散歩道
新宿御苑
東京医大通り
靖国通り
新宿通り（旧甲州街道）
現在の内藤新宿
歌舞伎町
区役所通り
新宿三丁目交差点
（追分）
明治通り
甲州街道
GOAL
TOHO シネマズ新宿
（コマ劇場跡）
西武新宿駅
新宿駅
200m
N

そこで中山道と合流していました。

甲州街道は、五街道の中では大名の通行が最も少なく、わずかに高島藩、高遠藩、飯田藩の３藩のみ甲州街道を通って江戸と往来していました。その一方で、甲州街道はいわば産業道路としてきわめて重要な役割を果たしていました。信濃や甲斐、秩父や青梅などの産物をはじめ、江戸近郊の農作物などの様々な物資が甲州街道を通って江戸に運ばれ、また、その物流を担う多くの人や馬で沿道の宿場はたいへん賑わっていました。

そうした江戸に出入りする人や荷物を取り締まる施設として、１６１６（元和２）年に、甲州街道に関所が設置されました。これが、「四谷大木戸」です。四谷大木戸は、現在の新宿通りと外苑西通りが交差する四谷四丁目交差点付近に設けられました。街道の両側に築かれた石垣の間に大型の木戸が設置され、そこで人馬の検問が行われました。

この木戸は、朝６時頃から夜６時頃まで開かれましたが、夜間は閉じられ、原則として通行が禁止されました。しかし、江戸中期以降、新宿西郊の発展に伴い、大木戸が交通の障害となったことなどから、１７９２（寛政４）年に四谷大木戸は廃止されました。木戸の撤去後も街道の両側には石垣が残されていましたが、それも明治維新後の１８７６（明治９）年に撤去されました。現在では、

写真１　四谷大木戸跡の石碑

跡地に建てられた石碑（写真1）が四谷大木戸の記憶を伝えるのみですが、かつての四谷大木戸を往来する人々の様子は、『江戸名所図会　三巻』の「四谷大木戸」などに描かれています。

玉川上水の水番所

四谷大木戸には、もう一つ重要なインフラが付設されていました。玉川上水の水を管理する「水番所（水番屋）」と呼ばれる施設です。

1653（承応2）年、江戸市中の飲料水不足を解消するため、多摩地域の羽村から四谷まで、多摩川の水を導水するための上水施設「玉川上水」が築かれました。自然流下式の玉川上水は、全長約43kmに対して標高差は約93mと、非常に緩やかな流水勾配を維持しなければなりませんでした。現在のような精密な測量機器が発達していない時代、その施工には相当の苦労があったことでしょう。この玉川上水築造の功績が認められ、工事を請け負った町人の庄右衛門（しょうえもん）・清右衛門（せいえもん）兄弟には、のちに「玉川」姓が与えられました。

さて、多摩川からひかれてきた玉川上水が、江戸市中へ配水される入り口に設置されたのが、四谷大木戸に付設された水番所です。水番所には水番人が置かれ、毎日時刻を定めて水位を計測し、羽村の上水取水口と連絡を取りながら水量調節を行うとともに、ごみを除去することで水質を維持していました。玉川上水は、羽村の取水堰から四谷までは開渠（かいきょ）で築造されましたが、水番所から先は地下に木製または石造りの樋（木樋・石樋）が埋められ、すなわち暗渠（あんきょ）で江戸市中に配水されていました。

写真2　玉川上水・内藤新宿分水散歩道

現在でも、玉川上水の一部区間は現役の水道施設として使用されています。また、水番所の跡地には東京都水道局新宿営業所が置かれているほか、そのすぐそばには、かつての玉川上水の流れに沿って、新宿御苑の散策路に「玉川上水・内藤新宿分水散歩道」（写真2）が整備されるなど、様々な形でまちの履歴が継承されています。

内藤新宿の移り変わり

かつての甲州街道は、現在の新宿通りの位置を通っていました。四谷大木戸の西側、かつての甲州街道沿いに広がっていた宿場が「内藤新宿」です。内藤新宿は、その名の通り新たに設置された宿場です（写真3）。

内藤新宿が新設される以前、日本橋を起点とする甲州街道の最初の宿場は「高井戸宿」でした。しかし、この高井戸宿は日本橋から約4里（約16㎞）の距離に位置しており、徒歩で移動していた時代、最初の宿場としてはやや遠いことから、1697（元禄10）年に浅草阿部川町の名主喜兵衛（のちの高松喜六（きろく））ら5人が、新たな宿場の開設を

写真3　現在の内藤新宿（新宿通りのまちなみ）

幕府に願い出ました。この時、喜兵衛らは、運上金（うんじょうきん）※5、600両を幕府に納めることを提示し、おりしも財政難にあえいでいた幕府は、この運上金を条件に、翌1698（元禄11）年、日本橋から約2里（約8㎞）の距離に新たな宿場の開設を許可したのです。その際、宿場の一部が内藤家の屋敷地であったことから、この新たな宿場は「内藤新宿」と呼ばれるようになったと言われています。

宿場開設を願い出た喜兵衛らはこの地に移り住み、街道の幅員を5間半（約10ｍ）に拡幅するなど、宿場の整備を進めました。そして、1699（元禄12）年2月、甲州街道第一の宿場として内藤新宿が開設されたのです。その後、喜兵衛は名主を務めるなど、宿場の運営に力を尽くしました。

内藤新宿は、四谷大木戸（現在の四谷四丁目交差点）の西側200ｍほどのところから、追分（おいわけ）（現在の新宿三丁目交差点）あたりまで、東西に九町十間余り（約999ｍ）続いていました。東から、つまり日本橋側から下町・仲町・上町の3つに分かれ、旅籠屋（はたごや）や茶屋が建ち並び、旅籠屋には飯盛女（めしもりおんな）と呼ばれる遊女が置かれるなどして、宿場は盛り場として大いに賑わいました。

ところが、開設からおよそ20年後の1718（享保3）年10月、内藤新宿は廃止されてしまいます。その原因には、宿場の利用客の少なさに加え、飯盛女の客引きによる風紀の乱れがあり、さらに8代将軍吉宗による享保の改革に伴う風俗統制も宿場廃止に影響したと言われています。廃止された内藤新宿の旅籠屋は、その後転業するなどしたため宿場の賑わいは消えましたが、内藤新宿は多摩地域と江戸を結ぶ拠点としての役割を維持し、米や穀物の取引は行われ続けました。

宿場の廃止から5年後の1723（享保8）年、内藤新宿を開設した高松喜六らは、道中奉行に宿場再開を願い出ましたが、その願いは認められませんでした。その後も再開に向けた願い出は続き、ついに1772（明和9）年、年貢のほかに1ヵ年155両の冥加金（みょうがきん）※を納めることを条件に、内藤新宿再開の許可が下りました。内藤新宿再開後は、再び旅籠屋や茶屋、芸妓屋（げいぎや）が建ち並び、盛り場としての賑わいを取り戻しました。

なお、内藤新宿周辺に広がる広大な内藤家の屋敷地は、明治維新後の1872（明治5）年に新政府に上納され、その後農業振興のための内藤新宿試験場や皇室の植物園となり、戦後の1949（昭和24）年に国民公園新宿御苑として一般に開放されました。そして、2006（平成18）年に「新宿御苑」となり、現在に至っています（写真4）。

写真4　新宿御苑

※運上金：江戸時代に商工業者や運送業者などに課された営業税のこと。一定の税率を定めて上納させた。
※冥加金：江戸時代に商工業者や運送業者などに課された営業税のこと。業務を独占的に行うことに対する御礼として、利益の一部を上納させた。

甲州街道と青梅街道の追分

日本橋を起点とする甲州街道は、内藤新宿の西端で二手に分かれます。江戸城を背にして、つまり西を向いて左手が「甲州街道」で、右手が「青梅街道」です。この2つの街道の分かれ目が「追分」です。江戸時代、江戸城とその城下の大規模建設の資材として、石灰の需要が高まります。そこで、青梅で産出する良質な石灰岩を江戸に輸送するための交通路として、青梅街道が開かれました。この青梅街道の起点が追分で、現在の新宿三丁目交差点付近にあたります。

いわば交通の結節点である追分は、人々の記憶に深く刻み込まれているのでしょう。いまだに地名として使われているほか、新宿三丁目交差点付近には〝追分〟の名を冠した老舗も残っています。

戦後復興の伝統を受け継ぐ歌舞伎町

甲州街道（現在の新宿通り）を離れて、追分から北西に向かい、新宿通りに並行する靖国通りを渡ると、そこには「歌舞伎町」が広がります（写真5）。歌舞伎町と言えば、新宿を代表する繁華街の一つですが、この町名は戦後に名づけられたもので、戦前は東大久保3丁目と角筈（つのはず）1丁目と呼ばれていました。

現在の歌舞伎町周辺は、関東大震災以前から住宅地化が進み、1920（大正9）年にはその中心部に府立第五高等女学校が開校しました。しかし、太平洋戦争の空襲で新宿一帯は一面の焼け野原と化し、府立第五高等女学校も戦

写真5　歌舞伎町の入り口

禍を被ったことから中野区へと移転し、その後現在の都立富士高校となりました。

現在の歌舞伎町1丁目地域では、空襲で被災したまちを立て直すため、終戦直後からいち早く計画的な復興が実施されました。まず、1945（昭和20）年8月18日、当時角筈1丁目北町会長であった鈴木喜兵衛が復興協力会を組織しました。鈴木はその会長に就任すると、このあたり一帯を銀座と浅草の良さを取り入れた庶民的な娯楽センターにしようと構想し、歌舞伎劇場、映画館、演芸場などの娯楽施設を中心とした復興計画案を立案しました。

当時、東京都の都市計画課長であった都市計画家の石川栄耀（ひであき）は、鈴木から相談を受けるとその計画をバックアップします。1946（昭和21）年に土地区画整理事業組合が設立され、翌1947（昭和22）年12月には一応の整理がつきました。

石川栄耀は、広場や盛り場を重視した都市計画を専門としており、歌舞伎町にも中央に噴水を設置したり、T字路を設けたりするなど、ヨーロッパの広場の要素を取り入れようと計画しました。この計画は変更を余儀なくされ、そのすべてを実現することはできませんでしたが、石川の盛り場研究の成果は歌舞伎町の随所に埋め込まれています。

1948（昭和23）年4月、東大久保3丁目と角筈1丁目の北部を併せて歌舞伎町が成立しました。まちの中心に歌舞伎劇場を誘致したいという思いから、石川栄耀によって歌舞伎町と命名されましたが、歌舞伎劇場の建設計画は様々な制約から実現しませんでした。しかし、1950（昭和25）年に歌舞伎町で東京産業文化博覧会が開催され、劇場街の形成をはじめとするその後の歌舞伎町発展の礎が築かれました。１９５６（昭和31）年には博覧会場跡地にコマ劇場が建設され、２００８（平成20）年に閉館するまで、およそ半世紀にわたり、いわば歌舞伎町のシンボルとして営業を続けました。２０１５（平成27）年4月には、コマ劇場の跡地にゴジラの頭がトレードマークのＴＯＨＯシネマズ新宿がオープンし、歌舞伎町の新たな顔として話題となっています。

歌舞伎町で楽しむ人々の姿やその笑顔を見るにつけ、戦後の焼け野原からの復興にあたり、市民の交流・交歓の場の創出をめざした鈴木喜兵衛や石川栄耀のまちづくりは、現在にしっかりと受け継がれていることがわかります。

四谷大木戸から西へ、かつての甲州街道、現在の新宿通りに沿って、玉川上水水番所、内藤新宿、そして青梅街道との分岐点である追分を訪ね歩きました。さらに、新宿を代表する繁華街である歌舞伎町へと歩を進め、その成り立ちを振り返りました。

近世以来数百年にわたり、内藤新宿とその周辺は、まちの賑わいを維持し続けています。幾重にも積層するまちの履歴に、その由来を垣間見ることができたのではないでしょうか。

〈参考文献〉

新宿歴史博物館：『内藤新宿の町並とその歴史』、新宿区教育委員会、１９９１
新宿歴史博物館：『新宿風景』、新宿区教育委員会、２００９
新宿歴史博物館：『常設展示図録 新宿の歴史と文化』、２０１２

10 新宿西口（しんじゅくにしぐち）

〜新都心を歩く〜

内藤新宿を中心に、近世以来のまちの賑わいを受け継ぐ新宿東口に対して、新宿西口の市街地整備が進むのは近代に入ってからです。そうした東西の対比にも着目しながら、新宿駅をはじめとして、新宿西口に集積する土木遺産を見て歩きましょう。

貨物駅から乗降客数世界一の駅へ

現在では世界一の一日平均乗降者数を誇る「新宿駅」ですが、開設当初は、一日に数十人程度しか利用しない駅でした。

新宿駅はまず、日本初の私鉄である「日本鉄道」の駅として開業します。日本鉄道は、1885（明治18）年に品川〜赤羽間を結ぶ品川線（現在のＪＲ東日本山手線及び埼京線）を開通しました。この品川線が甲州街道と青梅街道に交わる、いわゆる交通の要衝に設置されたのが、現在の新宿駅、当時の「新宿停車場」です。日本鉄道は当初、甲州街道と青梅街道の分岐点、つまり追分付近に駅の設置を望んでいました。しかし、近隣住民の反対などもあり、結局、追分の西方、宿場の中心地からやや離れた2本の街道の間に新宿停車場は開設されたのです。

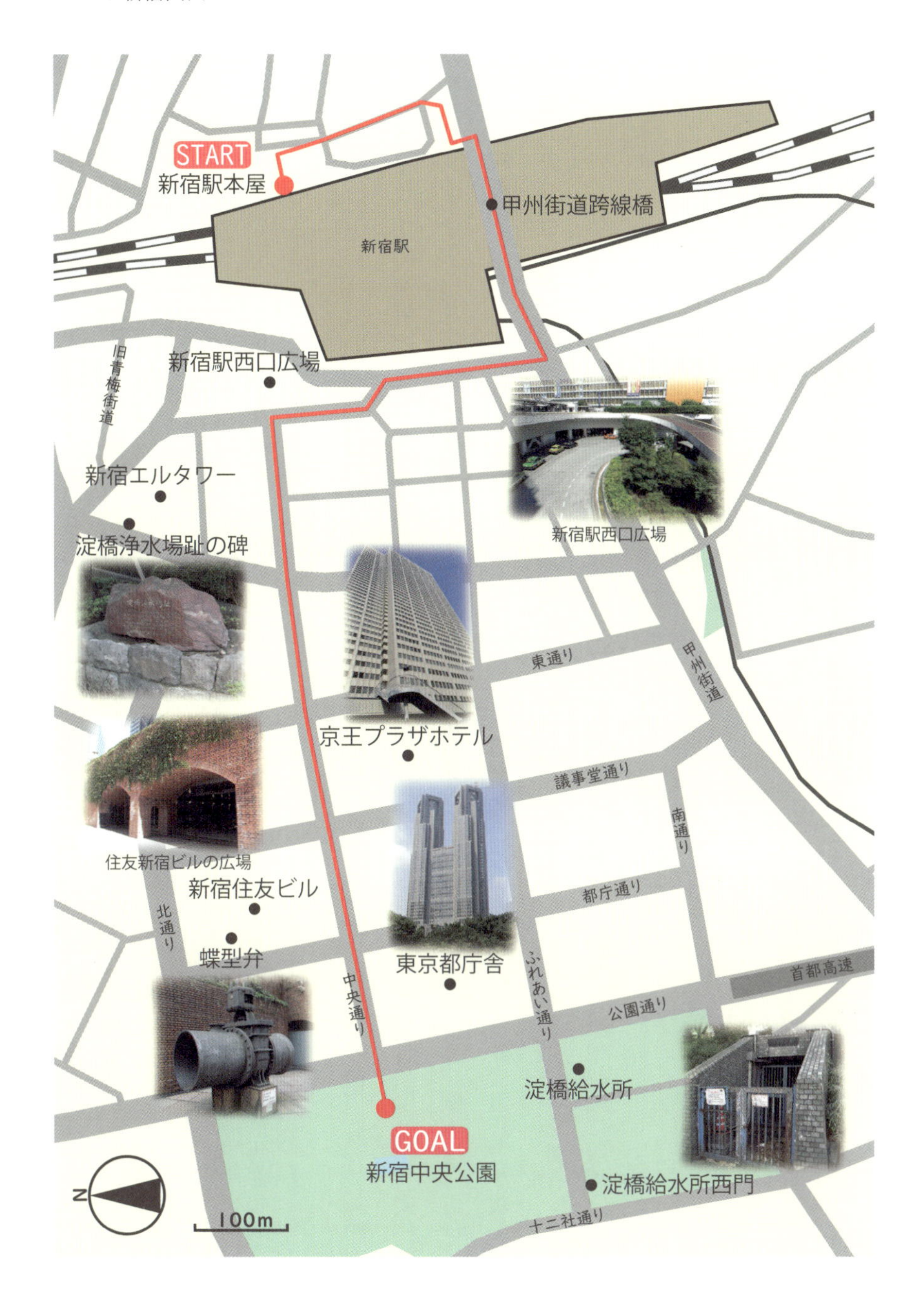
START
新宿駅本屋
甲州街道跨線橋
新宿駅
旧青梅街道
新宿駅西口広場
新宿エルタワー
淀橋浄水場趾の碑
新宿駅西口広場
東通り
甲州街道
京王プラザホテル
議事堂通り
南通り
住友新宿ビルの広場
新宿住友ビル
都庁通り
北通り
蝶型弁
東京都庁舎
ふれあい通り
中央通り
首都高速
公園通り
淀橋給水所
GOAL
新宿中央公園
淀橋給水所西門
十二社通り
N
100m

日本鉄道品川線は、当時輸出の主力品目であった生糸や織物を上州から横浜港へと運ぶ、貨物輸送を主目的として建設されました。新宿停車場も、甲州街道と青梅街道が交差する地の利を生かして、主に貨物駅として利用されました。そのため、新宿停車場の旅客用の初代駅舎は小さな木造駅舎で、2両編成の列車が1日に3往復あるのみ、乗降客数は1日わずか50人程度であったと言われています。しかし、1889（明治22）年に「甲武鉄道」（現在の中央本線）が新宿～立川間で開業すると、東京西郊の玄関口として、新宿駅の利用者は徐々に増加していきました。

新宿駅の駅本屋（えきほんや）※は、開業当初は現在の東口ステーションビル付近にありました。その後、1906（明治39）年に、当時新宿の中心であった追分付近により近い甲州口（現南口）に駅本屋が移設されました。しかし、関東大震災を機に、新宿の中心が追分付近から新宿通り沿いに移ったことから、駅本屋は再び東口に移設されることとなり、1925（大正14）年に鉄筋コンクリート2階建ての3代目駅舎が竣工しました。この3代目駅舎は、1962（昭和37）年に4代目駅舎建設のために取り壊されるまで、多くの人々の往来を見守り続けました。人々に愛された3代目駅舎の姿は、多数の写真や絵画に収められています。なお、現在の4代目駅舎は1964（昭和39）年に竣工しました。

ここで、新宿駅に乗り入れている鉄道路線の歴史を振り返ってみましょう。

まず、日本鉄道に続いて新宿駅に乗り入れた甲武鉄道は、開業と同じ1889（明治22）年に立川～八王子間を延伸開業し、さらに1894（明治27）年に新宿～牛込（現在の飯田橋駅の西側）間、翌1895（明治28）年に牛込～飯田町（現在の飯田橋駅の東側）間を開業し、東京西郊から都心部へと徐々にその路線を延ばしていきました。また、1904（明治37）年には、日本の鉄道路線で初めて電車運転を開始しました。しかし、1906（明治39）年に鉄道国有法が制定されると、甲武鉄道は日本鉄道とともに国有化されました。

一方、京王電鉄の前身である「京王電気軌道」は、1913（大正2）年に笹塚〜調布間で開業しました。その2年後の1915（大正4）年には、笹塚から新宿へと路線を延伸し、当時新宿の中心地であった追分付近に乗り入れました。その後、利用者の増加に伴い、路上の簡素な停留駅では対応しきれなくなったことから、1927（昭和2）年に新宿通り沿いに京王ビルを建設し、新宿追分駅を移設しました。なお、新宿追分駅は、のちに四ツ谷新宿駅、そして京王新宿駅へと改称されました。

1945（昭和20）年には、東京大空襲で天神橋変電所が被災し、その影響で架線電圧が降下し、京王電気軌道の車両が新宿駅南口の甲州街道跨線橋（写真1）を渡ることができなくなりました。そのため、京王電気軌道の路線は跨線橋の手前で北に折れ、新宿駅の西口にターミナル駅が移設されました。結局、この時のターミナル駅が戦後も引き継がれ、現在の京王新宿駅となっています。京王新宿駅は、1963（昭和38）年に地下

写真1　現在の甲州街道跨線橋（正面が新宿駅南口）

化され、これにあわせて軌道部分も地下化されました。

新宿駅をターミナル駅とするもう一つの路線に、小田急電鉄があります。小田急電鉄の前身である「小田原急行鉄道」は、1927(昭和2)年に新宿~小田原間で開業し、以来新宿駅をターミナル駅として路線を延伸していきました。

その他、1952(昭和27)年には「西武鉄道新宿線」がターミナル駅を高田馬場駅から西武新宿駅まで延伸し、さらに1959(昭和34)年には「地下鉄丸ノ内線」の新宿駅も開業しました。その後、1997(平成9)年には「都営地下鉄大江戸線」の新宿駅が開業しました。

こうして新宿駅は、複数路線のターミナル駅として、また東京西郊の玄関口としてその重要性を増し、世界一の乗降客数を誇る駅へと発展していったのです。

※駅本屋:鉄道駅において、旅客や荷物などを取り扱う主要な施設の入った建物のこと。

新宿駅西口広場の移り変わり

続いて、新宿駅の西口広場に目を転じましょう。新宿駅の「西口広場」というと、様々な思い出がよみがえってくる方も多いのではないでしょうか。通勤の経路として、待ち合わせの場所として、あるいはイベント会場として、現在では多様な利用がなされているこの西口広場の履歴をたどってみます。

新宿駅の西口広場は、1930年代と1960年代の2度に渡り整備されました。まず、1930年代の整備の契機となったのは、１９２３（大正12）年に発生した関東大震災でした。震災後、東京西郊の発展に伴う利用客の増加により、新宿駅では駅前広場と周辺街路の整備に対する要請が高まります。当時、新宿駅の西口に敷地を構えていた東京地方煙草専売局淀橋工場が品川へ移転されることとなり、その跡地を利用するかたちで、１９３４（昭和９）年に駅前広場と街路の整備計画が都市計画決定されました。

　この計画は、超過収容制度を用いた数少ない事例としても知られています。超過収容制度とは、かつて都市計画法に規定されていた制度で、公共施設予定地の周囲まで土地を収用し、区画整理して売却することで都市計画の財源とする制度です。こうした制度を活用しつつ、１９４１（昭和16）年、新宿駅西口の駅前広場とそこへ接続する街路が竣工しました。

　一方、１９６０年代の西口広場整備は、新宿副都心計画の一環として、１９６０（昭和35）年に都市計画決定されました。新宿副都心計画は、淀橋浄水場の移転に伴い、その跡地に副都心の街区を形成するもので、このうち西口広場は、既存の２４、６００㎡の地上広場に加えて、１６、８００㎡の地下広場の整備が計画決定されました。西口広場は、１９６４（昭和39）年に着工し、２年後の１９６６（昭和41）年に竣工しました。

　この西口広場の設計を中心的に担ったのは、広場に隣接して建てられていた小田急電鉄新宿西口駅本屋ビル（小田急百貨店本店）の設計も担った建築家の坂倉準三（さかくらじゅんぞう）です。西口広場は、歩行者と自動車の動線を分離するため、地下１階レベルを歩行者動線の基本として設計されました。また、広場の中央部には、地上から地下へと抜ける直径約60mの開口部（写真2）が設けられ、この開口部を通して地下広場に地上の光と風を導くとともに、地下広場の排気を行うしくみとなっています。

都市計画の歴史とともに、設計者の想いが凝縮された西口広場は、いわば新宿駅のランドマークの一つとして、そこを利用する多くの人々の往来を見守り続けてきました。

淀橋浄水場の創設から廃止まで

かつて新宿駅の西口には、「淀橋浄水場」の大規模な敷地が広がっていました。現在は超高層ビル街となっているこの地に存在していた、淀橋浄水場の変遷をたどってみましょう。

東京では、明治維新後も江戸以来の上水が用いられていましたが、市街化の進展や上水用の木管の腐食等により、水質の悪化が顕著になってきました。さらに、1879（明治12）年から1886（明治19）年にかけてコレラが流行し、衛生上の問題も顕在化してきました。加えて、江戸の上水には水圧がかけられていないため、消火活動に用いることができないことから、火災防止のためにも欧米式近代水道施設への改良を望む声が大きくなりました。

こうした背景を踏まえ、1888（明治21）年に内務省に設置された「東京市区改正委員会」の決議を経て、

写真2　新宿駅西口広場の開口部（正面が小田急百貨店本店）（2015年撮影）

水道改良が実施されることになりました。この水道改良にあたっては、近代水道の父と呼ばれる中島鋭治（なかじまえいじ）による調査が行われ、その結果、淀橋浄水場の設置と東京市内全域への新水路の敷設が決まりました。

淀橋浄水場は、１８９２（明治25）年に着工し、6年後の１８９８（明治31）年に竣工しました。また、淀橋浄水場の建設にあわせて、東京市全域の水路が新しい水路に入れ替えられました。１８９８（明治31）年12月より、まず日本橋・神田の両地区に向けて、玉川上水から淀橋浄水場に引かれた水が鉄管水道によって送水されました。最初の2か月間は沈殿物の除去のみ行った水の供給でしたが、１８９９（明治32）年2月から沈殿では取り除くことができなかった小さなゴミをろ過した水の供給が始まりました。その後、改良上水が着々と市内全域に送水されるようになり、江戸以来の旧式の上水による給水は徐々に停止され、１９０１（明治34）年9月には完全に廃止されました。

こうして、東京市中への送水を担っていた淀橋浄水場ですが、戦後、廃止の運命をたどることになります。１９５６（昭和31）年に公布された首都圏整備法に基づき、総理府（当時）の外局に首都圏整備委員会が設置されました。この委員会により、１９５８（昭和33）年7月に『首都圏整備計画』が策定され、都心部に集中する都市機能を分散させて土地の高度利用を図るため、新宿、渋谷、池袋が副都心に定められました。

副都心に選定された新宿では、広大な副都心用地が必要となります。そこで、１９６０(昭和35)年1月、首都圏整備委員会により、淀橋浄水場の機能を「東村山浄水場」に移転し、その跡地にオフィス街を建設する『新宿副都心計画』が策定され、さらに同年6月にこの計画が都市計画決定されました。

写真３　京王プラザホテル

これにより、淀橋浄水場は廃止されることになりましたが、既設の配水管を使うことで東村山浄水場から効率よく配水できることから、淀橋浄水場の跡地の一部に「淀橋給水所」が新設され、東村山浄水場から淀橋給水所にいったん送水されたあと、そこから東京市中へと配水されることになりました。

１９６４（昭和39）年12月より、東村山浄水場から淀橋給水所を通して配水が行われるようになり、その後段階的に淀橋浄水場の機能を東村山浄水場に切替える作業が進められました。そして、１９６５（昭和40）年1月には淀橋浄水場の機能の半分が廃止され、さらに同3月にはすべての機能が廃止され、淀橋浄水場はおよそ70年の歴史に幕を下ろしました。

淀橋浄水場の跡地は、1街区あたり4、５００～5、５００坪の11街区に区分され、また、浄水場のろ過池の地上面と底面の高低差を利用した2層構造の街路ネットワークが組まれました。当初、不況のあおりを受け、土地の売却はなかなか進みませんでしたが、建築条件として容積率を倍近くに緩和するなどの措置により、１９６９

写真４　新宿西口の超高層ビル群

（昭和44）年までに都有地を除くすべての街区が売却されました。

これらの街区には、1971（昭和46）年竣工の京王プラザホテル（写真3）を皮切りに、次々と超高層ビルが建設され、東京を代表するオフィス街が形成されました（写真4）。さらに、1991（平成3）年には丸の内から新宿へと東京都庁（写真5）が移され、それまで副都心であった新宿が、新たに新都心として機能するようになりました。

浄水場からオフィス街へと大きく変貌した新宿西口ですが、林立する超高層ビルの足元を見回すと、かつての浄水場の記憶が継承されていることに気づきます。新宿エルタワーの西側には「淀橋浄水場趾の碑」（写真6）が置かれ、新宿住友ビルの地上広場には淀橋浄水場で使用されていた「蝶型弁（ちょうがたべん）※」（写真7）が展示されています。また、同じく新宿住友ビルの地上広場には、浄水場のろ過地

写真5　東京都庁舎

写真6　淀橋浄水場趾の碑

写真7　淀橋浄水場で使用されていた蝶型弁

写真８　レンガを用いた住友新宿ビルの広場

で用いられていたレンガをモチーフとしたデザインが取り入れられています（写真8）。さらに、淀橋給水所（写真9）は、現在でも東村山浄水場から送られてきた水を各方面へ配水する重要な拠点となっているほか、災害時に水道水を配給する給水拠点としての役割も担っています。

内藤新宿の開設以来、賑わいの中心地であり続ける新宿東口とは対照的に、新宿西口は、わずか百数十年の間にまちの姿が大きく変貌しました。しかしそこには、土地の記憶を継承しながら、良質な公共空間を提供しようとする技術者の努力や工夫が、そして人々の暮らしの履歴が、厚みをもって積層しています。そうした歴史の蓄積を紐解きながらまちを見て歩くことで、現代的な超高層ビルの建ち並ぶ新宿西口も、また違った視点で楽しむことができるのではないでしょうか。

新宿駅とその周辺では、現在も様々な再開発計画が進められています。こうしたまちの変化も、いずれ歴史の1ページとして振り返

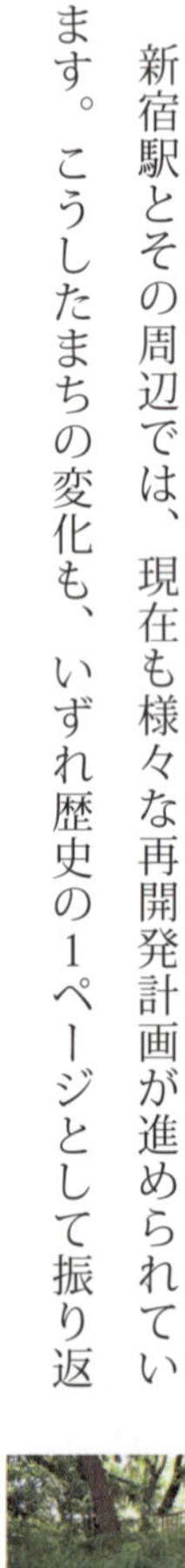

写真９　淀橋給水所西門

る日が来るかもしれません。時には立ち止まって、じっくりとまちの変化を観察してみてはいかがでしょうか。そうした観察の蓄積が、将来のまち歩きをより豊かで楽しいものにすることでしょう。

※蝶型弁：管路内に円盤状の弁体を設けて、それを回転させることで流量や圧力を調節する弁のこと。

〈参考文献〉

大野輝之：「新宿駅西口広場、歴史、現在、未来」、都市と交通、Vol. 36, 日本交通計画協会、1995
坂倉準三建築研究所：「新宿駅西口広場・駐車場」、建築界、Vol. 16-3, 理工図書、1967
佐々木隆文：「新しい都市空間の形成」、新建築、Vol. 43-3, 新建築社、1968
鈴木信太郎：「新宿駅西口駅前広場の計画とその歩み」、都市計画、Vo. 100, 日本都市計画学会、1978
東京都水道局：「淀橋浄水場史」、東京都水道局、1966

11 築地（つきじ）・月島（つきしま）
～江戸・東京のウォーターフロントを歩く～

築地と言えば「旧築地市場」や「築地場外市場」、月島と言えば「もんじゃストリート」と、築地・月島界隈は、いまや日本全国のみならず世界中から観光客を集める注目のエリアです。

しかしこの一帯は、江戸に幕府が開かれた頃は、当時の大川、現在の隅田川の河口部、つまり東京湾の最奥部に位置し、海岸線から少し沖に出た海の上でした。その後、近世から近代、そして現代にいたるまで、約４００年の歳月をかけて徐々に埋め立てが進み、現在のまちの姿が出来上がりました。つまり、築地・月島の一帯は、江戸以来のウォーターフロントということができます。

こうした近世以来のウォーターフロントには、その歴史を反映して、様々な土木遺産が現在に受け継がれています。そうした築地・月島界隈のまちの歴史を物語る土木遺産を見て歩きましょう。

築地の成り立ち

築地という地名は、〝土地を築く〟というまさに〝埋め立て地〟を意味しています。その埋め立ての始まりは、実は江戸初期までさかのぼります。

晴海通り
環二通り
新大橋通り
旧築地市場
築地場外市場
築地大橋
GOAL
START
築地本願寺
築地本願寺
かちどき橋の資料館
築地川公園
可動桁の開閉スイッチ
勝鬨橋
わたし児童遊園
隅田川
勝鬨橋の可動部
月島西仲通り商店街
清澄通り
佃大橋
「佃島渡船」の石碑
佃島渡船場跡
佃天台地蔵尊
住吉神社
大川端リバーシティ 21
N
200m
佃島のまちなみ
佃島の船溜まり

旧築地市場と並ぶ築地のランドマークの一つである「築地本願寺」は、1617（元和3）年に西本願寺の別院として建立された通称「江戸浅草御坊（ごぼう）」に由来します。江戸から浅草に向かう途上の横山町（現在の日本橋横山町）付近にあった江戸浅草御坊は、1657（明暦3）年に発生した明暦の大火で焼失してしまいます。その再建の地として選ばれたのが、当時はまだ海だった築地でした。

築地の北東に位置する佃島（つくだじま）の門徒らが中心となって、海を埋め立てて土地を築き、ようやく1679（延宝7）年に江戸浅草御坊は再建されました。これが、本格的な築地の埋め立ての始まりと言われています。再建された江戸浅草御坊は新たに「築地御坊」と呼ばれ、現在の築地本願寺に至っています。

ちなみに、現在の築地本願寺の本堂（写真1）は、関東大震災による被災後に再建されたものです。当時、東京帝国大学工学部教授であった伊東忠太（ちゅうた）の設計による古代インド様式で、1934（昭和9）年に竣工しました。

この築地本願寺の周辺には、かつては幾本もの掘割運河が張り巡らされていました。それらはおそらく、埋め立ての際の〝埋め残し〟や〝低湿地の浚渫（しゅんせつ）※〟によるもので、舟運路（しゅううんろ）や排水路などとして使われてきました。なかでも「築地川」は、本願寺とその周辺、つまり築地一帯をぐるりと囲むようにめ

写真1　築地本願寺本堂

ぐらされ、長くこの地域の骨格的な舟運路として利用されてきました。現在では、築地川をはじめとする掘割運河の大半は埋め立てられましたが、その一部は「築地川公園」（写真2）などとして再整備され、舟運が盛んだった頃の土地の記憶を継承しています。

その築地川公園の東側、隅田川沿いに位置する現在の中央区湊や明石町周辺は、かつて「築地鉄砲洲（てっぽうず）」と呼ばれていました。そこには、1869（明治2）年から1899（明治32）年までの約30年間、外国人居留地が置かれていました。この築地居留地には、外国公館や教会、病院、ホテル、レストラン、学校などが開設され、当時としてはめずらしい洋風のまちなみが広がり、その様子は歌川国輝（うたがわくにてる）による錦絵『東京築地鉄砲洲景』などに描かれています。

現在でも、聖路加（せいろか）国際病院の礼拝堂や宣教師館（トイスラー記念館）、カトリック築地教会など、往時の面影を今に伝える建築物も遺されています。また、キリスト教系の大学の多くも、築地居留地を発祥としています。さらに、築地居留地には教会が多くあったことから、第二次世界大戦の空襲を免れたとも言われ、戦前に建てられた看板建築をはじめ、まちの歴史を伝える建築物も多数見られます。

築地と言えば、やはり旧築地市場が注目されますが、周辺のまち

写真2　築地川公園

に一歩踏み出せば、まちの履歴を物語る資源を随所に発見することができます。

※浚渫：河川や港湾などの水底の土砂を掘削すること。

佃(つくだ)の渡しと佃島

築地から「佃大橋」を渡って隅田川の対岸に出ると、上流側には「佃島」、下流側には「月島」のまちが広がります。

隅田川の両岸を結ぶ佃大橋は、東京オリンピックの開催に先立つ１９６４（昭和39）年8月27日に竣工しました。それまで両岸の行き来を担っていたのは、「佃の渡し」と呼ばれる渡船でした。佃の渡しの始まりは、江戸初期の１６４５（正保2）年と言われています。隅田川最後の渡船として、佃大橋の架橋に伴い廃止されるまで、およそ３２０年にわたり人々の往来を支え続けました。佃大橋の袂(たもと)にある「佃島渡船場跡」には、〝佃島渡船〟と刻まれた石碑（写真3）が残されており、渡船の歴史を記す史跡として中央区民文化財にも登録されています。

写真３　佃島渡船場跡の石碑

さて、佃の渡しにより築地と結ばれていた「佃島」は、その名の通り、かつては隅田川河口に位置するおよそ１００間（約１８０ｍ）四方の小島でした。この小島は、摂州西成郡(せっしゅうにしなりぐん)佃村（現

在の大阪府大阪市西淀川区）の漁師が、隅田川河口の干潟の一部を拝領して造成した島で、彼らの出身地にちなんで佃島と名づけられました。

現在の佃島では、漁業はほとんど行われていませんが、震災と戦災を免れた佃島には、いわゆる下町情緒を感じさせるまちなみが残っています（写真4）。佃島を区画する〞田〟の字の街路は、島が造成された江戸初期から変わっておらず、家と家に挟まれた細い路地も、まち中を縦横にめぐっています。佃島の人々に大切に受け継がれてきた「佃天台地蔵尊（つくだてんだいじぞうそん）」も、そうした路地裏の一角にあります。

写真4　佃島のまちなみ

佃島の北東角には、1646（正保3）年に島民により創建された「住吉神社」が鎮座しています。この住吉神社に隣接する船溜まり（写真5）では、係留された小船と朱塗りの佃小橋が、よりいっそう趣のある風景を演出しています。

また、佃小橋付近の船溜まりには、〞佃住吉講〟と記された看板が建てられています。住吉神社で3年に一度行われる例大祭では、6

写真5　佃島の船溜まり

本の大幟（おおのぼり）が掲げられますが、実はこの看板下の川底には、大幟の柱や、柱を支える抱木（だき）が、腐食を防ぐために埋められています。それらは、例大祭のたびに掘り起こされ、祭りが終わると再び同じ場所に埋められて、3年の時を過ごします。こうした古くから続く地域の営みを見ても、佃島に暮らす人々の絆の強さを感じ取ることができます。

ちなみに、〝佃煮〟は、この佃島が発祥の地であると言われています。佃島には、江戸時代から続く佃煮の老舗も健在で、伝統の味が継承されています。こうした老舗に立ち寄るのも、佃島散策の楽しみの一つです。

石川島の変遷

佃島の北側、現在の地名で佃2丁目の一部は、かつては「石川島」と呼ばれ、江戸初期には佃島とは独立した島でした。江戸中期には2つの島の間が埋め立てられ、両島は陸続きになったと言われています。石川島の名は、3代将軍徳川家光の頃、旗本 石川八左衛門重次（はちざえもんしげつぐ）が、この地を屋敷地として拝領したことに由来します。1790（寛政2）年には、池波正太郎の時代小説『鬼平犯科帳』の主人公にもなった長谷川平蔵の献策により、石川島の一角に、無宿人や刑期を終えた浮浪人等の更生施設である「加役方人足寄場（かやくかたにんそくよせば）」が設置されました。

その後、幕末の1853（嘉永6）年には、江戸幕府の命で、水戸藩の徳川斉昭（なりあき）により、この地に「石川島造船所」が創設されました。石川島造船所では、洋式帆装軍艦 旭日丸や初の国産蒸気軍艦 千代田形など、多数の艦船が建造されました。

石川島造船所は、明治維新後に一時官営となりましたが、1876（明治9）年に旧幕臣の平野富二（ひらのとみじ）に払い下げられ、我が国初の民営洋式造船所「石川島平野造船所」（現在の株式会社ＩＨＩ（旧社名 石川島播磨重工業株式会社））として生まれ変わりました。石川島の造船所は、1939（昭和14）年に豊洲へ移設され、その後は重機械類の専門工場として操業が続けられましたが、その工場も1979（昭和54）年に移設され、この地における造船業及び重工業の長い歴史に幕が下ろされました。

造船所の跡地では、「大川端リバーシティ21」と銘打った再開発が進められ、超高層住宅群と公共・公益施設が一体的に整備されたほか、河川沿いにはスーパー堤防が整備され、隣接する佃島とは対照的な景観が創出されました。

月島の成り立ち

佃島の南に広がる「月島」も、佃島や石川島と同様の埋め立て地です。隅田川河口に堆積する土砂で船舶の往来が困難になったことから、1883（明治16）年より東京湾澪（みお）※浚渫工事による月島の埋め立てが始まり、その後、大正初めにかけて埋め立てが進みました。月島の地名の由来には諸説ありますが、はじめは〝築島〟であったものが、のちに江戸時代の月見の名所であった〝月の岬〟の〝月〟の字をあてて月島となったと言われています。

月島には、もんじゃ焼きのお店が立ち並ぶ「月島西仲通り商店街」（通称 もんじゃストリート）が広がり、連日多くの来訪者で賑わっています。このもんじゃストリートから路地裏に一歩足を踏み入れると、戦災を免れた建物が多く残り、昔ながらの風情あるまちなみを楽しむことができます。

もんじゃストリートのちょうど南西端から隅田川へと歩を進めると、「わたし児童遊園」に行き着きます。実はこの場所は、かつて「月島の渡し」があったところで、児童遊園の名称も〝渡し〟に由来しています。

月島の渡しは、1892（明治25）年に私設の有料渡船として始まりました。その後、明治30年代半ばには、渡しの交通路としての重要性の高まりを受け、東京市が市営化を決め、運賃も無料となりました。しかし、1940（昭和15）年の勝鬨橋（かちどきばし）の架橋に伴い利用者が減少したことで、月島の渡しは廃止されました。

※澪：海や河川の中で、船舶の運航に適した深い水路のこと。

勝鬨橋の歴史

月島と築地は、「勝鬨橋」（写真6）で結ばれています。「勝鬨」という橋名は、1905（明治38）年の日露戦争の勝利を記念して築地・月島間に設けられた「かちどきの渡し」に由来します。

明治30年代以降、月島は工業地帯として発展しました。しかし、

写真6　勝鬨橋の全景

築地から月島へ渡るためには、渡し船を使うか、あるいは上流の永代橋（えいたいばし）を経由して相生橋（あいおいばし）を渡る遠回りのルートを選択をする必要があり、これが月島の発展を阻害する要因となっていました。そこで、築地・月島間の架橋が計画されたのです。

まず、1911（明治44）年に最初の架橋案が計画され、続いて1919（大正8）年に架橋位置を現在の位置とする案が計画されました。しかし、折からの財政難などから、どちらの計画も実現には至りませんでした。

昭和に入り、渡し船による移動が限界に達しつつあったこと、さらに自動車が普及してきたことなどから、1930（昭和5）年にようやく議会の認可を受け、架橋が実現することとなりました。なお、勝鬨橋は、1940（昭和15）年に月島で開催される予定だった万国博覧会のメインゲートに位置づけられていましたが、日中戦争の激化により、万国博覧会は中止に追い込まれました。

勝鬨橋の架橋にあたり、当時、隅田川河口部には大型船を通す必要があったことから、船の高さより高い位置に架橋する高架橋と、橋自体を動かして船を通す可動橋の2つの案が比較されました。このうち、高架橋では橋長が長くなるため、工期や費用の面から可動橋が選ばれました。可動橋には、橋桁がそのまま上下する昇開橋、橋桁が跳ね上がる跳開橋、橋桁が水平方向に回転する旋回橋、橋桁をスライドして引き込む引込橋がありますが、勝鬨橋では跳開橋が選ばれました。当初は、高い塔を建てたり、エレベーターとトンネルを用いて跳開時にも車や人が通行できるようにしたりする案も検討されましたが、工事の難しさなどから採用されませんでした。

写真７　運転室に遺されている可動桁の開閉スイッチ

なお、勝鬨橋の設計・施工に中心的に関わった、岡部三郎、成瀬勝武、瀧尾達也、安宅勝、徳善義光の５名は、同時期に設計・施工された勝鬨橋以外の東京の橋梁にも大きく貢献しています。

開通当初は、１日５回、約20分かけて開閉していた勝鬨橋ですが、昭和30年代に入ると、物流手段が鉄道や船から自動車に代わったことで開閉回数が徐々に減り、１９６１（昭和36）年からは開閉が１日１回となりました。一方、１９４７（昭和22）年から橋上に通されていた都電も、自動車交通量の増加に伴う渋滞を解消するため、１９６８（昭和43）年に廃止されました。そして、勝鬨橋の開閉も、１９７０（昭和45）年を最後に中止されました。

現在の勝鬨橋は、開閉こそしないものの、運転室が入っていた塔や都電の架線柱、開閉時に使用されていた信号機がそのまま遺されており、開閉していた当時の面影を偲ぶことができます（写真７、写真８）。また、橋の中央、可動部の先端まで行くと、車道を車が通過するたびに大きな揺れを体感できるほか、足下を覗

写真８　勝鬨橋の可動部

けば、ロックされている左右の可動部の先端の様子も観察することができます。築地側の下流側橋詰には、可動部に安定して電力を供給するための変電所が設置されていましたが、現在は「かちどき橋の資料館」としてリニューアルされ、発電設備や模型が展示されているほか、開閉する勝鬨橋の映像も観ることができます。

勝鬨橋は、２００７（平成19）年に上流の永代橋、清洲橋（きよすばし）とともに国の重要文化財に指定されました。一方、勝鬨橋の下流には、２０１８（平成30）年に新たに築地大橋が架けられました。勝鬨橋の袂に立てば、こうした新旧橋梁の共演を楽しむこともできます。

築地を出発して、佃大橋を渡り、佃島、石川島、月島とめぐり、そして勝鬨橋を渡って再び築地に戻ってきました。いずれも埋め立て地であるこの界隈には、近世以来のウォーターフロントの歴史が重層しています。あるいは、埋め立てにより築かれたこの土地自体が、土木遺産であるということができるかもしれません。

旧築地市場の再開発も進み、この界隈への関心が、今後ますます高まることでしょう。そうした新たな開発に目を向けつつも、土木遺産を拠り所としたまちの歴史を頭の片隅に入れておくことで、深みのある、地に足の着いたまち歩きを楽しむことができるのではないでしょうか。

Ⅱ 城東・城南・城西編

1 品川（しながわ）
～東海道 品川宿を歩く～

関ヶ原の戦いに勝利した徳川家康は、１６０３（慶長8）年に江戸に幕府を開くと、全国の交通ネットワークの再構築を進めました。そのネットワークの基幹を担ったのが、日本橋を起点とする五街道です。なかでも東海道は、多くの人馬が行き交う交通の大動脈でした。この東海道に置かれた宿場のうち、江戸に最も近い、日本橋から二里（約８㎞）の距離に開かれたのが、江戸四宿の一つである「品川宿」です。江戸四宿は、江戸から旅立つ人や江戸に向かう人などで大いに賑わったと言われています。品川宿もその例外ではなく、目黒川を境に北品川宿と南品川宿に分かれ、さらに北品川宿の江戸寄りには徒歩（かち）新宿が開かれ、最盛期には１８０軒、幕末期には１００軒前後の旅籠屋が置かれていました。

現在の品川宿とその周辺には、こうした宿場の賑わいや、その後のまちの変遷を支え続けてきた数々の土木遺産が受け継がれています。かつての北品川宿を中心に、まちの歴史を物語る土木遺産を見て歩きましょう。

品川宿の賑わいを受け継ぐ北品川商店街

ＪＲ東日本品川駅の港南口を出て、旧国鉄操車場跡地の大規模再開発で生まれた「品川インターシ

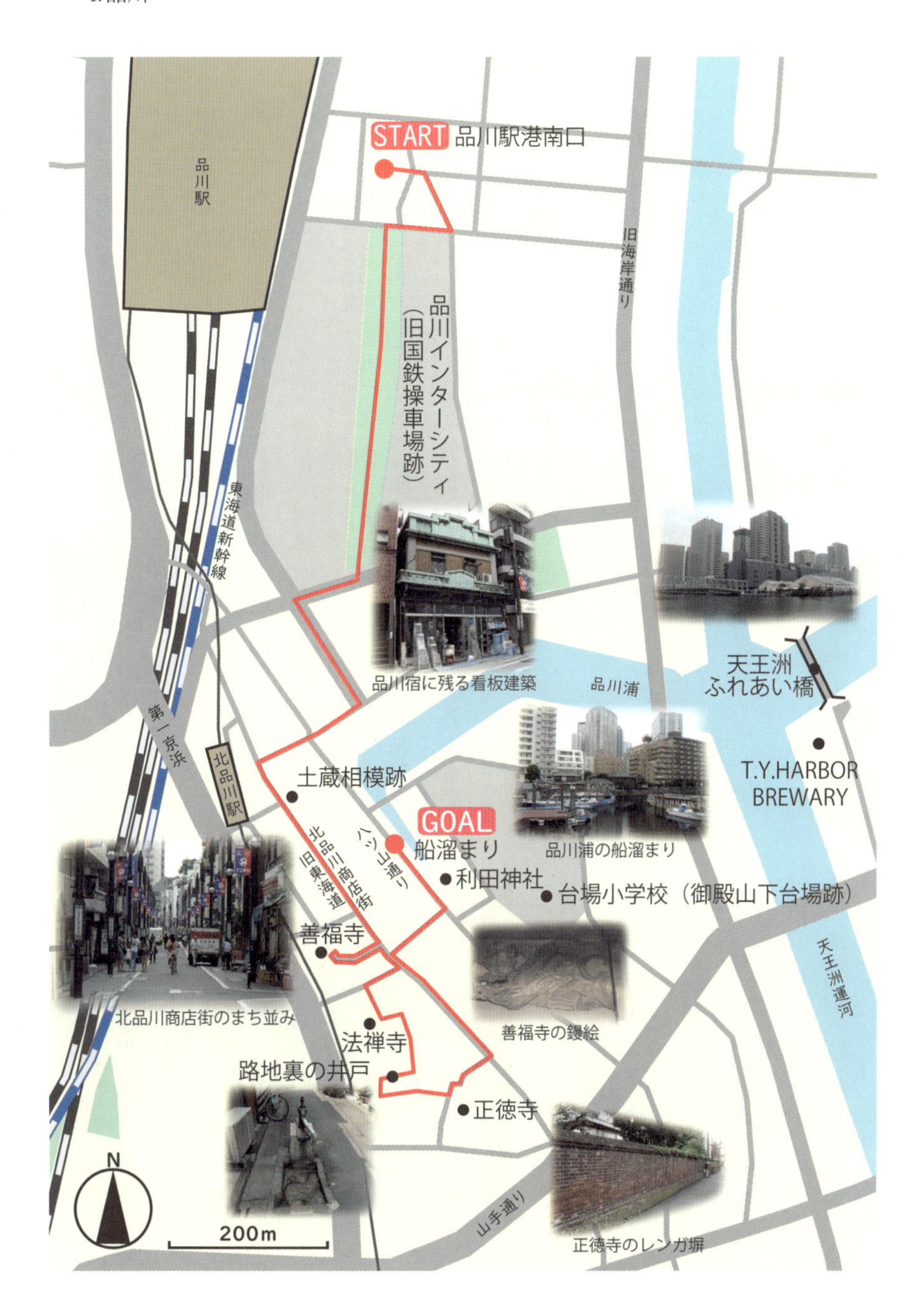
START 品川駅港南口
品川駅
旧海岸通り
品川インターシティ（旧国鉄操車場跡）
東海道新幹線
品川宿に残る看板建築
品川浦
天王洲ふれあい橋
第一京浜
北品川駅
土蔵相模跡
T.Y.HARBOR BREWARY
GOAL 船溜まり
品川浦の船溜まり
北品川商店街
旧東海道
八ツ山通り
利田神社
台場小学校（御殿山下台場跡）
善福寺
天王洲運河
北品川商店街のまち並み
善福寺の鏝絵
法禅寺
路地裏の井戸
正徳寺
N
200m
山手通り
正徳寺のレンガ塀

ティ」を抜けてしばらく歩くと、旧東海道品川宿の入口に到着します。現在は北品川商店街として賑わうこの場所は、インターシティとは対照的に、どことなくレトロな趣のあるまちなみが広がっています。

商店街に一歩足を踏み入れると、旧東海道の両側に連なる店々の活気が直に伝わってきます。現在の旧東海道は、江戸時代とほぼ変わらない道路幅員（3間（約5・5ｍ））ですが、北品川商店街では無電柱化が進められ、さらに無電柱化に伴う地上機器が街路灯上部に一体的に設置されているため、すっきりとしたまち並みを実現しています（写真1）。

写真1　北品川商店街のまち並み

少し歩を進めると、上層階がマンションとなっているコンビニエンスストアの前に、「土蔵相模跡」の案内板が見えてきます。江戸時代にこの場所にあった品川宿一の大旅籠「相模屋」は、その外観が土蔵のように見えたことから「土蔵相模」と呼ばれ、明治に入ると土蔵相模屋を屋号とする貸座敷となりました。幕末には勤皇派の志士たちが頻繁に利用し、桜田門外の変の前日に水戸浪士らが気勢をあげたほか、高杉晋作や久坂玄瑞らが横浜での外国人襲撃計画を練った舞台にもなりました。

往時の品川宿には、こうした旅籠や浜に臨む料亭、〝品川の宿には女おほし〟と言われるほど呼び込みに忙しい遊郭などが建ち並び、さらに潮干狩りをする住民や海士(あま)、漁師なども行き交い、たいへんな賑わいを呈していたと言われています。現在でも、わずかながら当時の面影を残す遊郭建築などを見ることができます。

また、落語で有名な『居残り佐平次』の舞台となったうなぎ屋をはじめ、東海道品川宿周辺には、多くの「看板建築」も残っています(写真2)。江戸以来、一般的な商店は前面に大きな軒をもつ出桁造(だしげたづくり)※で、軒の深さが商店の格を示していました。しかし、特に関東大震災後に行われた街路の拡幅や建築物の耐火性の向上にあたっては、そうした軒は邪魔者でしかありませんでした。そこで誕生したのが看板建築です。

一般的な看板建築は、木造2~3階建ての店舗兼住宅となっており、建物の前面は耐火性の高いモルタルや銅板による平坦な造りとなっています。この平坦な個所には、西洋文化が庶民に広がり始めていたことから、洋風のデザインが取り入れられています。外見とは対照的に、建物内の間取りは茶の間のある和式でした。現在では、銅板に緑青がつき、歴史を感じさせる味わいを醸し出しています。一方、こうした看板建築は、老朽化によりその数が減少しているのも事実です。近年、看板建築への注目が高まり、その歴史的・建築的価値が評価され、文化財となっているものも

写真2　品川宿に残る看板建築

写真3　路地裏の井戸

少なくありません。

旧東海道の商店街から一歩脇道にそれると、細い路地が縦横にめぐっています。はたしてこの先に何があるのか、胸を躍らせながら路地を進むと、路地の真ん中に「井戸」が見えてきます（写真3）。北品川二丁目周辺には、現在も多くの井戸が残っています。深緑色のポンプにレンガの水受けといった洒落たデザインのものもあり、どの井戸もしっかりと手入れがなされ、住民から愛されていることがよくわかります。

江戸時代、品川宿が賑わいを増すと、廻船問屋や海産物問屋が財を成し、多くの豪商が出現しました。

豪商たちは、その富により寺院や神社を建立し、他との差を見せつけるために競って派手な装飾を施しました。そのため、品川宿周辺には多くの個性豊かな寺院が残っています。

たとえば、旧東海道から少し奥まったところにある「善福寺」は、山門をくぐると、正面に土蔵造りの本堂があります。そこでまず目に付くのは、本堂の壁面に描かれた龍の鏝絵です（写真4）。この鏝絵は、江戸末期の左官職人で名工と呼ばれた伊豆長八の手によるものとされています。傷みは激しいのですが、それでもその迫力と繊細さには魅

写真4　善福寺の鏝絵

写真5　正徳寺のレンガ塀

了されます。

このほかにも、天保の大飢饉で行き倒れとなった人々が供養されている「法禅寺」や、レンガ塀（写真5）が張り巡らされている「正徳寺（しょうとくじ）」など、お寺巡りも品川宿を歩く楽しみの一つです。

※出桁造：梁（腕木）を柱の外に突き出し、その端に桁（出桁）を乗せ、さらに出桁の上に垂木を架けて屋根を支えることで、軒を深く差し出す造りのこと。

江戸の海岸線の面影を残す品川浦

かつて、品川宿のすぐ東には海岸線が迫り、その先には海が広がっていました。その名残をとどめるのが、品川宿のすぐ東にある品川浦の「船溜まり」（写真6）です。

船溜まりは、かつての目黒川の河口部にあたります。そこには、現役の屋形船が多数停泊し、風情豊かな水辺の賑わいを感じること

写真6　品川浦の船溜まり

ができます。この場所は、映画『釣りバカ日誌』のロケ地にもなりました。主人公のハマちゃんが会社に遅刻しそうになり、ここから日本橋まで船を出して間に合わせたというエピソードもあります。

船溜まりに隣接して、漁師の守護神とも言われる弁財天が祀られた「利田神社（かがたじんじゃ）」があります。この利田神社は、かつての目黒川河口の突端部に位置し、品川沖を往来する船の目印となっていました。

利田神社の近くには、「台場小学校」があります。その名の通り、かつてこの場所には「御殿山下台場」と呼ばれる台場がありました。台場とは、幕末におもに異国船の来航に備えて築造した砲台のことです。地図を見ると、いまだに台場の五角形の形が、小学校の敷地とその周辺の街路に受け継がれていることがわかります。

一方、船溜まりの対岸に歩を進めると、木造2階建ての家屋が寄り添うように建ち並び、まるでそこだけ時間が止まったようなまち並みを残す一画に行き着きます。手入れの行き届いた鉢植えからは、互いを思い遣るご近所づきあいの良さを感じ取ることができます。現代の再開発による品川インターシティとはまさしく対照的なまち並みに、品川宿の懐の深さを感じることができます。

江戸以来、交通ネットワークの基幹を担ってきた東海道は、まさにその存在自体が土木遺産であるということができます。その第一の宿場である品川宿とその周辺には、まちの歴史を物語る数々の土木遺産が受け継がれています。ここでは紹介しきれなかった土木遺産も少なくありません。ぜひ、古地図を手に取って、品川宿を歩いてみてはいかがでしょうか。

コラム：天王洲　～ T.Y.HARBOR BREWARY ～

高層ビルの林立する天王洲アイルからほど近く、運河沿いに建ち並ぶ倉庫群の一角に、倉庫を改装したレストラン「T.Y.HARBOR BREWARY」と、水上レストラン「WATERLINE」があります（コラム写真１）。食事とともに水辺景観を楽しむことのできるこれらのレストランの建設は、それまでに前例のない全く新しい試みでした。特に水上レストランは、建築物とも船舶ともつかない構造に、建設許可はなかなか下りませんでしたが、関係者の熱い思いと、それをサポートする専門家や技術者の努力が実を結び実現しました。

T.Y.HARBOR BREWARY と対岸の公園は、「天王洲ふれあい橋」で結ばれています。ピントラス構造※のふれあい橋は、どことなくレトロな雰囲気を醸し出し、水辺景観にアクセントを与えています。この橋は、ドラマのロケ地としても度々使われているようです。

ほかにも、水辺を楽しむ工夫が随所にちりばめられたこの場所をぜひ一度訪れてみてはいかがでしょうか。

※ピントラス構造：トラスを構成する部材の交わる点（格点）が、回転に対して拘束を受けないピンで構成されたトラス構造のこと。

コラム写真１　対岸から望む T.Y.HARBOR BREWARY

2 千住（せんじゅ）
～日光・奥州街道 千住宿を歩く～

多くの人が集まるまちには、その往来を支えるインフラも集まります。さらに、まちの歴史が深ければ深いほど、そこには歴史を反映した多様なインフラが積層します。そうしたまちの代表格ともいえるのが、日光・奥州街道の第一の宿場、江戸四宿の一角を占める「千住宿」です。

千住宿とその周辺には、まちの成り立ちを反映した数々の土木遺産が積層しています。宿場の歴史を紐解きながら、そうした土木遺産を見て歩きましょう。

写真１　現在の隅田川駅

日本鉄道の3つの駅

千住宿の成り立ちに触れる前に、まず、宿場周辺の３つの鉄道駅の歴史を振り返ってみましょう。３つの駅とは、ＪＲ東日本常磐線の「北千住駅」と「南千住駅」、そして南千住駅に隣接するＪＲ貨物の「隅田川駅」（写真１）です。

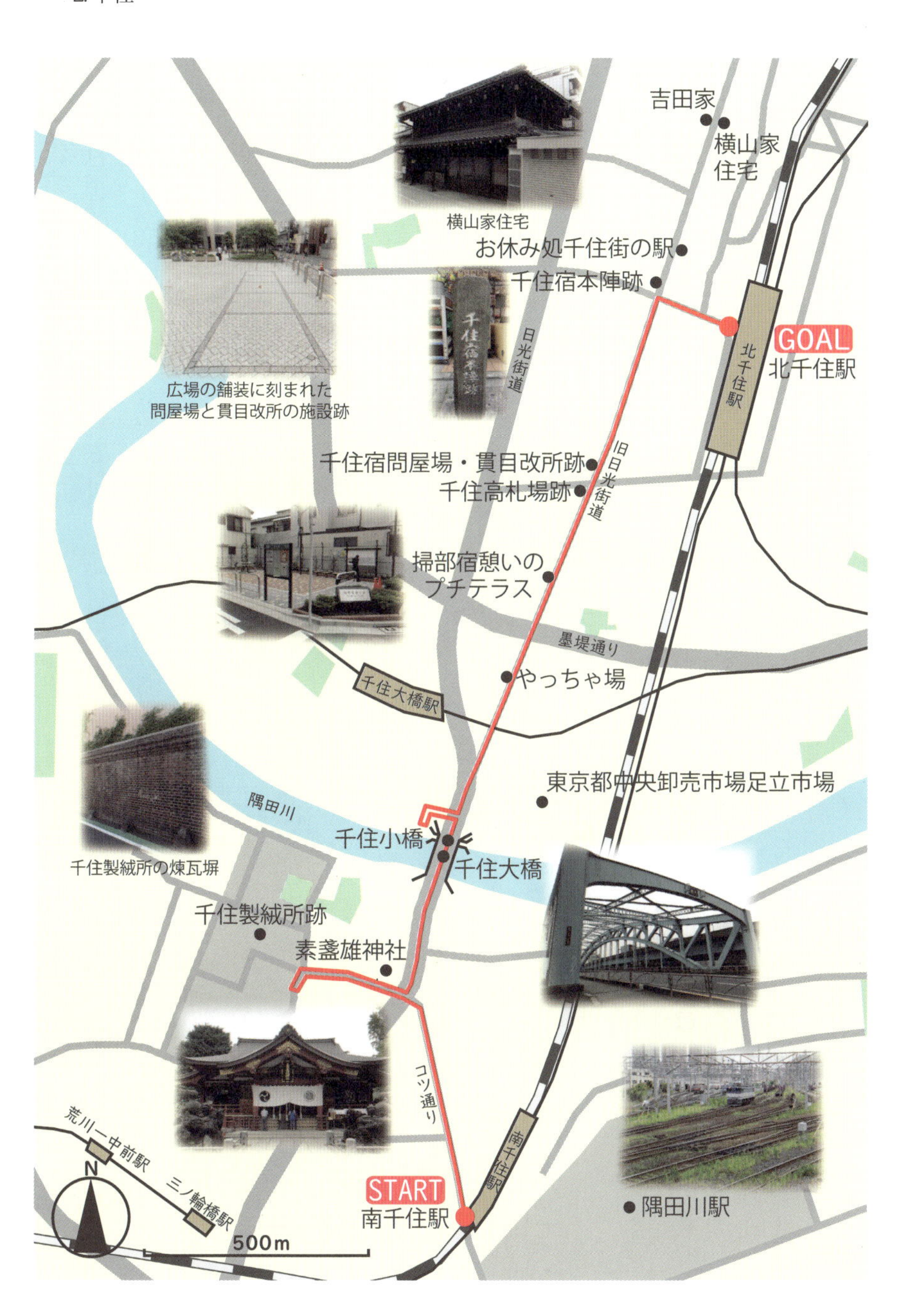
吉田家
横山家住宅
横山家住宅
お休み処千住街の駅
千住宿本陣跡
GOAL
北千住駅
北千住駅
日光街道
旧日光街道
広場の舗装に刻まれた問屋場と貫目改所の施設跡
千住宿問屋場・貫目改所跡
千住高札場跡
掃部宿憩いのプチテラス
墨堤通り
やっちゃ場
千住大橋駅
東京都中央卸売市場足立市場
隅田川
千住小橋
千住大橋
千住製絨所の煉瓦塀
千住製絨所跡
素盞雄神社
コツ通り
荒川一中前駅
三ノ輪橋駅
N
500m
START
南千住駅
南千住駅
隅田川駅

現在はＪＲに属するこれらの駅はいずれも、１８８１（明治14）年に設立された日本最初の民間鉄道会社「日本鉄道」の駅として開設されました。日本鉄道が設立された明治の中ごろ、日本の主力エネルギー資源は石炭でした。当時、石炭は常磐地方の炭鉱から豊富に産出されていましたが、東京方面へは海上輸送が中心でした。しかし、天候に左右されやすい海運に比べ、鉄道による陸運のほうが安定的・効率的な輸送が期待できることなどから、日本鉄道によって東京と常磐地方を結ぶ鉄道が計画されました。この計画に基づき、１８９６（明治29）年に現在のＪＲ常磐線にあたる田端～土浦間の土浦線と、現在のＪＲ常磐線貨物支線にあたる田端～隅田川間の隅田川線が開業し、これらの路線開業にあわせて開設されたのが、旅客駅の北千住駅と南千住駅、そして貨物駅の隅田川駅です。

かつての隅田川駅には、鉄道輸送されてきた貨物を隅田川の水運と連絡するため、構内には隅田川から引き込んだ運河が開削され、貨物の積み下ろしを容易にする水扱積卸場が設置されていました。その後、水運との連絡は次第に減少し、水扱積卸場は廃止され、運河も埋め立てられてしまいましたが、代わりにコンテナ取扱設備が拡充され、現在はコンテナ扱いのみの駅となっています。

一方、旅客駅である北千住駅と南千住駅は、現在、ＪＲ常磐線のほか、東京メトロ日比谷線やつくばエクスプレスなど、複数路線が乗り入れる乗換駅となっています。特に北千住駅は、４社５路線が乗り入れる東京北東部の旅客列車の拠点であり、乗降者数も全国トップクラスを誇っています。

それでは、南千住駅を出発して、土木遺産を見て歩きながら、日光街道、そして千住宿を経て、北千住駅へと向かっていきましょう。

日光街道と千住大橋

南千住駅を西に出て、通称「コツ通り」をしばらく北へ進むと「国道4号」に行き着きます。この国道4号が、江戸の五街道の一つである「日光街道」にあたります。日光街道は、1636（寛永13）年頃、江戸の日本橋と下野（しもつけ）日光を結ぶ街道として整備され、日本橋から宇都宮までは白河へと通ずる「奥州街道」と共用されていました。これら日光・奥州両街道の最初の宿場が「千住宿」です。

ここで少し、日光街道を離れて寄り道をしてみましょう。まず、コツ通りと日光街道の交差点の西側に鎮座する「素盞雄（すさのお）神社」（写真2）を訪ねます。素盞雄神社は、795（延暦14）年の創建といわれ、荒川区で最も広い氏子域を持つ鎮守です。ちなみに、千住といえば、松尾芭蕉が『おくのほそ道』で矢立の初めの句〝行く春や鳥啼（なき）魚の目は泪（なみだ）〟を詠んだ場所としても知られていますが、素盞雄神社の境内にも芭蕉の句碑が建立されています。

さらに寄り道をして、素盞雄神社の前の道を西へ進むと、大型スーパー脇の街路沿いに、イギリス積みの煉瓦塀（写真3）が見えてきます。この煉瓦塀は、かつて内務省が所管した日本

写真2　素盞雄神社

写真3　千住製絨所の煉瓦塀

初の近代的毛織物工場「千住製絨所」の塀の一部です。千住製絨所は、1876（明治9）年、当時輸入に頼っていた軍服用絨（毛織物）の本格的な国産化に向けて、大久保利通の主導で設立されました。この千住製絨所の数少ない遺構である煉瓦塀は、今では少し見つけにくい場所にありますが、ぜひ宝探しの気分で探してみてください。

さて、寄り道はこのぐらいにして、日光街道へと戻りましょう。コツ通りの交差点から日光街道を北へ進むと、隅田川を渡す「千住大橋」（写真4）が見えてきます。

千住大橋は、徳川家康が江戸に入府して間もない1594（文禄3）年、隅田川（当時は荒川と呼ばれていました）に架けられた最初の橋梁です。架橋工事は関東郡代※伊奈備前守忠次によって行われ、難工事の末、橋長六十六間（約120m）、幅員四間（約7m）と、現在の橋長を凌ぐ、まさに〝大橋〟が完成しました。初代の千住大橋は木橋で、現在よりも約200m上流に架橋されていたといわれています。

架橋当初は単に「大橋」と呼ばれていた千住大橋ですが、架橋からおよそ60年後、隅田川二番目の橋梁である「両国橋」が架橋されると、現在のように千住大橋と呼ばれるようになりました。なお、現在の千住大橋の橋名板には「大橋」とのみ記され、初代大橋としての誇りを感じることができます。

写真4　千住大橋

本来、木橋の寿命は30年程度とされていますが、初代の千住大橋が架け替えられたのは架橋から53年後でした。これは、奥州街道を往来する伊達政宗が、初代千住大橋の建設資材を調達する際に、耐腐食性に優れた犬槙（いぬまき）を調達し、それが橋杭に使われたからともいわれています。また、千住大橋は、初代の架橋以来、改修や架け替えは行われてきたものの、1885（明治18）年の大洪水で流失するまで、約300年間一度も流失することのなかった名橋としても知られています。その姿は、歌川広重による『名所江戸百景』の「千住の大はし」（図1）や『江戸名所図会』の「千住川」にも描かれています。

現在の鋼製の千住大橋は、関東大震災後の1927（昭和2）年に震災復興事業の一環で架橋されたいわゆる震災復興橋梁です。設計は全国各地の橋梁を手掛けた橋梁設計技術者の増田淳（じゅん）、製作は石川島造船所が担いました。橋長92・5m、幅員24・2m、構造形式は下路式ブレーストリブ・タイドアーチ※です。隅田川の川幅が最も狭まる場所に架橋されていることから、隅田川下流の復興橋梁がいずれも3径間であるのに対し、千住大橋は1径間で隅田川を渡しています。

なお、残念ながら、この千住大橋の上下流両側には別の橋梁が隣接して架けられているため、構造形式がよくわかる橋軸直角方向から（真横から）その全体像を眺めることができません。まず、1963

図1　「千住の大はし」（国立国会図書館蔵）

写真５　千住大橋上流側の工業用水専用橋

（昭和38）年に、千住大橋の上流側に東京都の工業用水専用橋が架橋されました（写真５）。続いて１９７３（昭和48）年に、国道４号の交通量増加に伴う渋滞対策のため、下流側に新たな橋梁が架けられ、旧橋が国道４号の下り線、新橋が国道４号の上り線を担うことになりました。

ところで、千住大橋の橋下には、「千住小橋」（写真６）なる橋梁が架けられています。千住大橋付近の隅田川には、左岸（北岸）の足立区側にテラスが整備されていますが、以前は千住大橋を境に上下流の行き来ができませんでした。そこで、千住大橋で分断されていた上下流のテラスを結ぶために整備されたのが、２００４（平成16）年に竣工した、全長31ｍの歩行者専用桁橋※「千住小橋」です。この千住小橋の開通により、上下流のテラスを移動することができるようになりました。

千住大橋を渡りきると、右手東側に〝千住の魚河岸〟とも呼ばれる「東京都中央卸売市場足立市場」（写真７）が見えてきます。こ

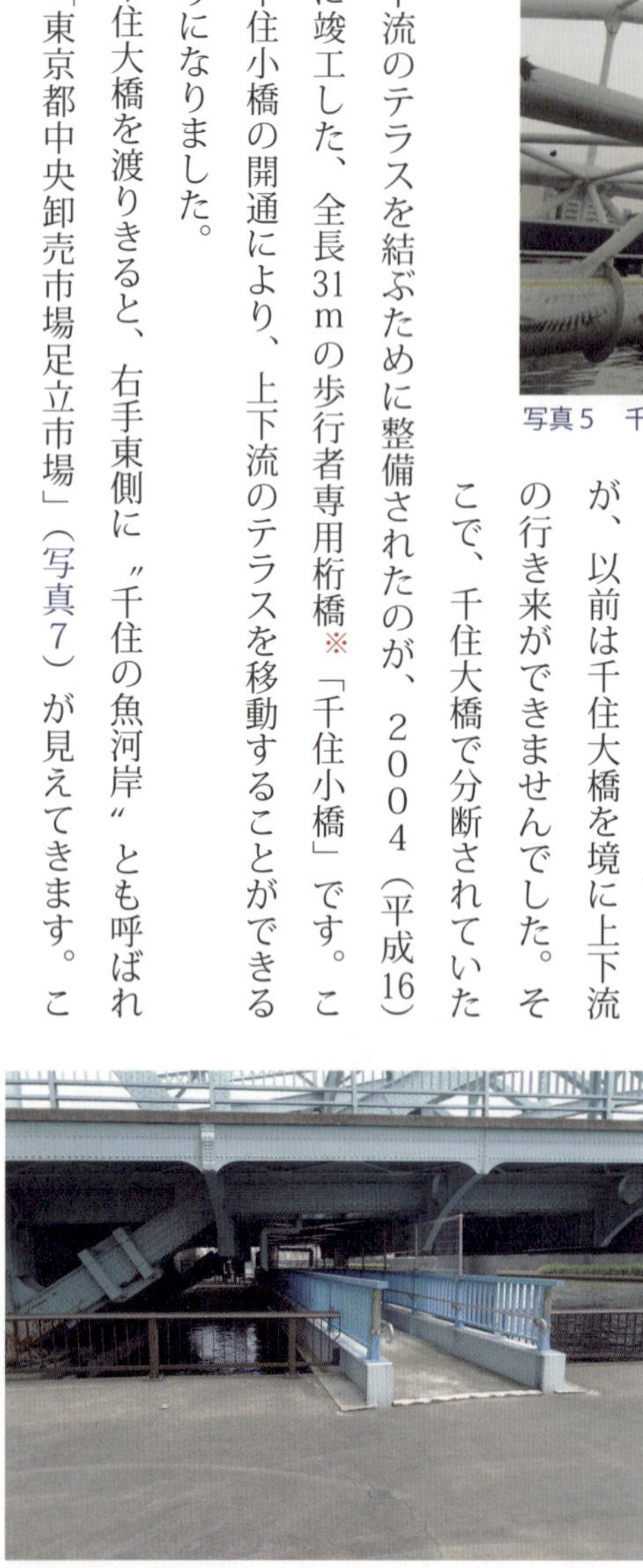

写真６　千住小橋

の足立市場の前で、日光街道は2手に分岐します。やや西に振れる幅員の広い道路が国道4号、すなわち現在の日光街道で、北へまっすぐに延びるのが江戸時代に整備された旧日光街道です。もちろん、旧日光街道を北へ進み、千住宿を見て歩きましょう。

※関東郡代：江戸幕府の職名の一つで、関東にある幕府直轄領の民政を担当した地方行政官のこと。
※ブレーストリブ・タイドアーチ橋：主桁であるアーチ部（アーチリブ）が、三角形を組み合わせたトラス構造（ブレーストリブ）で、さらにアーチ部の両端に作用する水平力を釣り合わせるために、弓のように、アーチ部の両端をタイと呼ばれる水平材で結んだタイドアーチ橋のこと。
※桁橋：主桁を水平に並べて橋台や橋脚で支える構造の橋梁のこと。

写真7　東京都中央卸売市場 足立市場

千住宿の変遷

千住宿が日光街道の宿場として定められたのは、1625（寛永2）年といわれています。開設当初の千住宿は、現在の千住1丁目から5丁目までの五カ町でしたが、宿場の繁栄に伴い、1658（万治元）年に五カ町の南側、隅田川堤外の河原に開けた「掃部宿（かもんじゅく）」（現千住仲町、千住河原町、千住橋戸町）が加宿されました。さらに、1660（万治3）年に隅田川対岸の小塚原町及び中村町が加宿され、「千住八ケ町」が形成されました。

写真８　街道沿いの屋号看板の一つ

なお、１６５８（万治元）年に加宿された掃部宿の地名は、石出（いしで）掃部亮吉胤（かもんのすけよしたね）に由来します。石出掃部亮吉胤は、１５９８（慶長３）年にこの地に村を開き、さらに１６１６（元和２）年には「掃部堤」（現在の墨堤（ぼくてい）通り）を築造し、村の基盤を整えたといわれています。この村が、後の掃部宿にあたります。

新旧街道の分岐点の北側、足立市場周辺の千住河原町一帯の街道沿いは、かつて「やっちゃ場」と呼ばれていました。やっちゃ場という名称は、沿道の問屋から聞こえてくる〝ヤッチャヤッチャ〟という競りの掛け声に由来すると言われています。このあたりには、千住宿開設前の１５７６（天正４）年に開かれたといわれる市場が広がり、街道の両側には青果問屋が軒を連ね、江戸・東京の市中に青物を供給していました。現在では、青果市場はすでに移転し、競りの様子を見ることはできませんが、街道沿いの各戸にはかつての屋号を記した屋号看板が掲げられており（写真８）、往時のまち並みに思いを馳せることができます。

写真９　千住仲町のプチテラス

やっちゃ場を抜けると、かつての掃部堤にあたる「墨堤通り」に交差します。この墨堤通りの北側が、掃部宿の中心であった千住仲町です。千住仲町の街道沿いには、「掃部宿憩いのプチテラス」が整えられ（写真9）、一休みしながら掃部宿の成り立ちを学ぶことができます。

千住仲町の北端の交差点には、「千住高札場跡」の石碑（写真10）が建てられています。この交差点から北が、千住宿開設当初の五ヵ町です。交差点を渡ってすぐ、交差点に隣接する広場の片隅に、「千住宿問屋場（とんやば）・貫目改所（かんめあらためじょ）跡」の石碑（写真11）が建てられています。問屋場とは、宿場にあって人馬の継ぎ立てなど種々の事務を行なった施設で、貫目改所とは、街道を往来する荷物の貫目を検査するために問屋場に併設された機関です。現在、問屋場や貫目改所の建築物は残されていませんが、発掘調査結果に基づき、広場の舗装面に、これらの建築物の杭穴や礎石の位置、推定される施設の範囲が示されています（写真12）。

写真 10　千住高札場跡の石碑

写真 11　千住宿問屋場・貫目改所跡の石碑

写真 12　広場の舗装に刻まれた問屋場と貫目改所の施設跡

写真13　千住宿本陣跡の石碑

問屋場・貫目改所跡からさらに北へ進むと、いよいよ宿場の中心、「本陣跡」にたどり着きます。千住宿の本陣は、旧日光街道と北千住駅の駅前通りとの交差点付近におかれていました。現在、本陣跡には商業ビルが建ち、残念ながら本陣の面影を偲ぶことはできませんが、「千住宿本陣跡」の石碑（写真13）や解説板から、そこが本陣跡であることを知ることができます。

　本陣跡からさらに歩を進めると、かつての魚屋を改装した休憩所兼案内所の「お休み処 千住街の駅」や、江戸時代の商家で伝馬屋敷（てんまやしき）※の「横山家住宅」（写真14）、絵馬屋の「吉田家」、江戸の中ごろに開業した名倉医院など、宿場の歴史を物語る様々なまちの資源に出会うことができます。

　そのまま旧街道を北へ進むと、行く手を「荒川」の堤防に阻まれてしまいます。ご存知の方も多いでしょうが、荒川はかつて「荒川放水路」と呼ばれた人工河川で、当初の荒川、現在の隅田川の氾濫を防ぐため、１９１１（明治44）年から１９３０（昭和５）年まで、19年もの歳月をかけて放水路が開削されました。放水路のルートは、すでに市街化されていた千住宿を迂回するように決定されたことか

写真14　横山家住宅

ら、宿場の北端を区切るように開削されたのです。

ここまで、南千住駅から北千住駅にかけて、旧日光街道を中心に、まちの歴史や土地の履歴を物語る土木遺産や歴史資源を見て歩きました。しかし、千住宿周辺には、その長く深い歴史を反映して、ここでは紹介しきれなかった土木遺産や歴史資源も数多くあります。

歴史を大事にするまちは、おそらく人も大事にするのでしょう。千住宿には、訪れる人をもてなす、どこか優しい居心地の良さがあります。そうした居心地の良さと宿場の歴史を味わいに、ぜひ千住宿を訪ねてみてください。

※伝馬屋敷：伝馬役の負担者が居住する屋敷のこと。伝馬役とは、宿場において、公的な貨客輸送のために人馬の提供などを義務付けられた課役のこと。伝馬役負担の代償として、町屋敷地の地子が免除されるなどした。

〈参考文献〉

足立区立郷土博物館：『ブックレット足立風土記①千住地区』、足立区教育委員会、2002
あらかわ学会歴史民俗委員会：『荒川（放水路）の河川改修事業』、あらかわ学会、1998
松平乗昌：『日本鉄道会社の歴史』、河出書房新社、2010

3 上野（うえの）

〜東京の北の玄関口を歩く〜

上野駅といえば〝東京の北の玄関口〟を連想される方も少なくないでしょう。石川啄木の短歌や、あの有名な演歌の一節を思わず口ずさんでしまう方もいらっしゃるかもしれません。

2015（平成27）年3月14日の上野東京ラインの開業に伴い、上野駅を始終着とする列車が減ったとはいえ、いまだ北の玄関口としての上野駅の地位は健在といえるでしょう。北へと向かう上野発の夜行列車（寝台列車）も、まだ完全には無くなっていないようです。

玄関口としての上野駅から、上野のまちへと足を踏み出すと、東京の商店街の代表格ともいえるアメ横や、花見の名所としても名高い上野恩賜（おんし）公園、さらに徳川家の菩提寺である東叡山寛永寺（とうえいざんかんえいじ）など、近世から現代にかけて積層されてきた多彩なまちの魅力に出会うことができます。

ところで、なぜ上野駅が北の玄関口と呼ばれるようになったのでしょうか。そして、上野駅周辺にちりばめられた多様なまちの魅力は、どのように形作られてきたのでしょうか。その背景や経緯を紐解くと、そこにはインフラ整備や都市設計にかかわる当時の戦略や社会状況を読み取ることができます。

多くの来訪者を惹きつけてやまない上野のまちの魅力を味わいながら、上野駅を起点として、周辺のまちに息づく多様な土木遺産を見て歩きましょう。

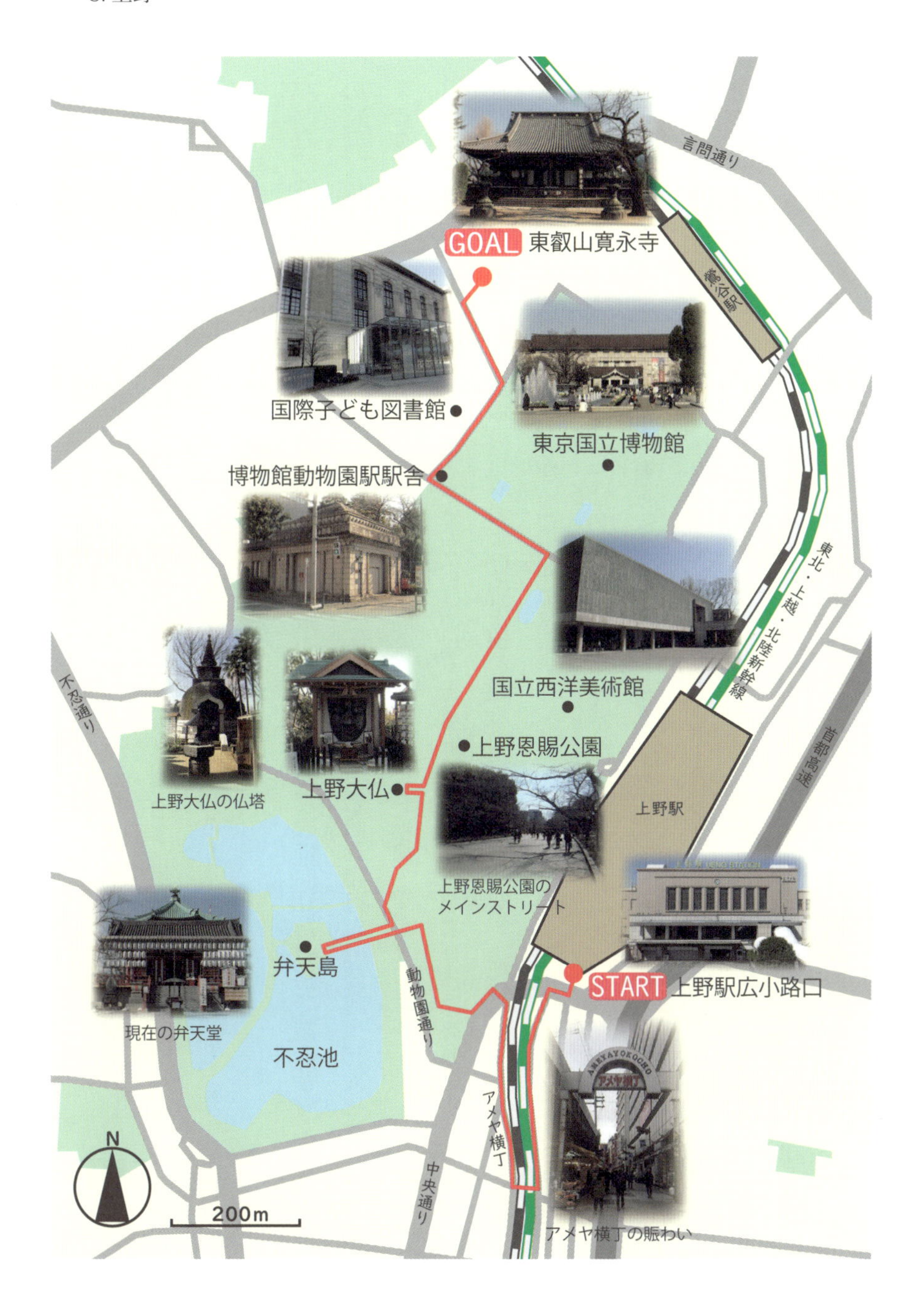
言問通り
GOAL 東叡山寛永寺
鶯谷駅
国際子ども図書館
東京国立博物館
博物館動物園駅駅舎
東北・上越・北陸新幹線
国立西洋美術館
不忍通り
上野恩賜公園
首都高速
上野大仏
上野大仏の仏塔
上野駅
上野恩賜公園のメインストリート
弁天島
START 上野駅広小路口
動物園通り
現在の弁天堂
不忍池
アメヤ横丁
中央通り
N
200m
アメヤ横丁の賑わい

日本鉄道と上野駅

明治維新後、近代化を推し進める明治政府は、その象徴ともいえる鉄道建設に力を注ぎました。政府は、1869（明治2）年に鉄道の敷設に踏み切ると、翌1870（明治3）年から工事を開始し、1872（明治5）年には横浜～新橋間で日本初の鉄道を開業しました。ところが1873（明治6）年、政府は財政難を理由に、その後の鉄道建設を民間に委ねると令達します。

一方、欧米視察から戻った岩倉具視は、鉄道敷設が近代国家建設に向けた急務であると考え、鉄道網の整備・拡大を画策します。そして、1881（明治14）年、岩倉具視は首唱発起人16人を決め、東京～青森間等の鉄道建設を発表し、日本最初の民間鉄道会社「日本鉄道」を設立しました。

日本鉄道は当初、絹の産地である高崎および前橋と貿易港のある品川および横浜を直結する計画でした。しかし、現在のJR東日本埼京線および山手線を通る山手ルート（赤羽～池袋～新宿～渋谷～品川）は、起伏が大きく建設費が高価となることが見込まれたことから、下町の上野山下町に起点を定めました。これが、北の玄関口としての「上野駅」の始まりです。

1923（大正12）年の関東大震災により、上野一帯も火災に見舞われ、初代の上野駅舎も焼失してしまいました。その後しばらく、上野駅はバラック駅舎で営業されていましたが、1930（昭和5）年に新駅舎の建設が始まり、1932（昭和7）年に2代目駅舎が完成しました。2代目駅舎は、高低差を利用して、乗客は1階からホームへと向かい、一方降客は地下1階から外へ向かうというように、立体的な乗降動線を特徴としていました。現在では、この立体的な乗降動線は機能していませんが、今

写真１　上野駅駅舎

なお使われ続けている2代目駅舎の外観に、当時の面影を偲ぶことができます（写真1）。

それでは、上野駅をあとに、上野のまちへと歩を進めましょう。

アメ横のはじまり

上野駅から南へ御徒町（おかちまち）駅にかけて、鉄道高架に沿って多数の食料品店や衣料品店等がひしめきあう商店街が続きます。買い物客で賑わうこの商店街こそ、あの有名な「アメヤ横丁」、通称「アメ横」です（写真2）。

アメ横の起源は、戦後の闇市まで遡ります。上野駅と東京駅を結ぶ鉄道高架橋は、関東大震災後の１９２５（大正14）年に開通します。第二次大戦の終戦直後、この高架橋に沿って上野～御徒町間に闇市が開かれたのです。

アメ横の名称の由来は、かつて３００軒近い飴屋が並んでいたからとも、アメリカ進駐軍の放出品を扱っていたからとも言われています。

いずれにせよ、自然発生的に開かれた市が、鉄道高架というインフラを巧みに活用しながら、70年以上たった現在でも

写真２　アメヤ横丁の賑わい

商店街としての活気を失わず、さらに、多くの人々で賑わう上野のまちの魅力の一つとなっています。こうしたアメ横の雑踏の風景は、まさに東京の歴史と文化が表れた文化的景観といえるでしょう。

上野恩賜公園の成り立ち

アメ横からいったん上野駅へと引き返し、そこから駅西側の台地へと進むと、総面積約54haの広大な「上野恩賜公園」が広がります。武蔵野台地の東端、通称上野の山に位置する上野恩賜公園は、知る人ぞ知る〝日本初の公園〟です。

現在の上野恩賜公園の地は、江戸時代には東叡山寛永寺の境内地でした。明治維新後、当時の文部省は、幕末の戊辰戦争で焼野原と化したこの地に、病院や医学校の建設をもくろみましたが、紆余曲折の末、公園化して近代化のシンボルにするという結論に至りました。

１８７３（明治６）年の太政官布達により、この地が日本で最初に公園に指定され、１８７６（明治９）年に開園しました。翌１８７７（明治10）年には、近代的な国家であることを国内外にアピールするため、ここで内国勧業博覧会が開催され、これを機に教育・文化施設が整えられました。

こうして、上野恩賜公園は、博物館や美術館、動物園のほか、花見の名所や数々の歴史資源が集積する、国内有数の文化・芸術・教育拠点として今に受け継がれてきたのです（写真３）。

写真３　上野恩賜公園のメインストリート

不忍池と弁天島

上野恩賜公園の南端には、一面に蓮が浮かぶ「不忍池（しのばずのいけ）」が広がっています。この不忍池は、かつての東京湾の入り江の名残であると言われています。それが、海岸線の後退などにより次第に海との繋がりが切れ、やがて沼となり、さらに周辺の湿地帯が江戸期の水田造成の際に干拓されたことから、独立した池になったと言われています。

不忍池の中央には、今は陸続きとなっていますが、「弁天島」と呼ばれる小島があります。この小島は、江戸初期に築かれたもので、島には弁天様を祀る堂宇（どうう）※が建立されました。弁天島の西には聖天島（しょうてんじま）、南には経島（ふみしま）も築かれました。築造当初は舟で島に渡っていましたが、１６７０（寛文10）年には陸道や橋が架けられました。

写真 4　現在の弁天堂

明治に入ると、１８８４（明治17）年に、当時の名士らをメンバーとする共同競馬会社により、不忍池に競馬コースが造成され、日本初の競馬が開催されました。明治天皇がここで競馬をご覧になる様子は、錦絵にも描かれました。その後、１９４５（昭和20）年の空襲で、弁天島の弁天堂や護摩堂、天竜門が焼け落ちてしまいました。現在も残る伽藍（がらん）は１９５８（昭和33）年に再興されたものです（写真４）。

第二次大戦後の１９４６（昭和21）年に、一時池の水が抜かれて水田が作られましたが、１９４９（昭和24）年には池の復旧工事が行われました。池を埋め立てて野球場を造ろうとする動きもありましたが、地元の不忍池埋立反対期成同盟(きせいどうめい)※の説得により、埋め立ては行われませんでした。

こうした変遷をたどりながらも、現在の不忍池は、まるで何ごともなかったかのように、ゆったりと穏やかに水をたたえています。春になれば、池を囲むように植えられている桜の木々が、ここを訪れる人々を優しく包み込んでくれることでしょう。

※堂宇：堂の建物のこと。
※期成同盟：ある事柄を成し遂げるため、同じ考えを持つ人々が組織した団体のこと。

上野大仏のあれこれ

弁天島から北西に向けて再び上野の山を登っていくと、周囲より小高い丘のような場所があります。この丘の頂上には仏塔が建てられ（写真5）、その傍らには大仏の顔だけがはめ込まれたレリーフが置かれています（写真6）。この顔だけの大仏が「上野大仏」です。

写真5　上野大仏の仏塔

写真6　上野大仏

上野大仏は、１６３１（寛永８）年に、戦国乱世の犠牲者となった将兵を供養するために建立されました。しかし、度重なる地震により倒壊と復旧を繰り返し、さらに第二次世界大戦中には、政府の金属供出命令により胴体と顔以外の頭部が供出されてしまいました。

その後、１９７２（昭和47）年に、保管されていた顔が元の場所に戻され、大仏再建のシンボルとして壁面に固定され、現在のように顔だけのレリーフとなったのです。これで〝もう二度と落ちない〟状態になったことから、いまでは〝合格大仏〟として多くの受験生が合格祈願に訪れています。

博物館動物園駅と国際子ども図書館

上野大仏を離れ、多くの人々で賑わう噴水広場を抜けると、「東京国立博物館」（写真７）の前を横切る都道４５２号線に出ます。この道路を西に少し進むと、東京芸術大学のキャンパス手前の交差点の一角に、重厚感のあるレトロな趣の小ぶりな建物が見えてきます（写真８）。現在は廃駅となっている、京成電鉄「博物館動物園駅」の駅舎です。

写真７　大噴水と東京国立博物館

写真８　博物館動物園駅の駅舎

この駅はもともと、1933（昭和8）年に京成電気軌道（現京成電鉄）が上野〜日暮里間の地下区間を開業した際、周辺の博物館や動物園の最寄り駅として開設した地下駅です。駅舎が設置されたのが、当時の宮内省管轄の帝室博物館の敷地内であったことから、周囲との調和に配慮した洋風の設えとなりました。

博物館動物園駅は、ホーム長が4両編成分しかなく短いことで、停車する電車が限られてきたことや、これに伴う利用者減などから、1997（平成9）年に休止され、そして2004（平成16）年に廃止されました。

現在では出入口も閉ざされ、乗降客で賑わった往時の面影を偲ぶことはできませんが、重厚感あるデザインの駅舎は、まちの履歴を物語る土木遺産として、どこか誇らしげに存在感を示しています。

博物館動物園駅の交差点から北へしばらく進むと、左手に風格ある建築物が見えてきます。東京都選定歴史的建造物にも指定されている国立国会図書館支部の「国際子ども図書館」（写真9）です。

国際子ども図書館の「レンガ棟」は、1906（明治39）年に「帝国図書館」として建築され、1929（昭和4）年に増築された明治期ルネサンス様式の建築物です。帝国図書館は、1947（昭和22）年に国立図書館に改称され、さらに1949（昭和24）年に国立国会図書館の支部上野図書館となりました。

写真9　国際子ども図書館

その後、改修が行われ、２０００（平成12）年に国際子ども図書館として部分開館し、２００２（平成14）年に全面開館しました。

鬼門に置かれた東叡山寛永寺

国際子ども図書館を過ぎ、一つ目の角を左に折れると、右手に「東叡山寛永寺」の境内が広がります。寛永寺は、１６２５（寛永２）年に、江戸幕府の安泰や江戸庶民の平安を祈願するため、徳川家と所縁のある天海大僧正によって創建されました。

寛永寺の創建に際し倣ったのが、京都の比叡山延暦寺です。延暦寺は、京都御所の鬼門にあたる北東に位置していることから、寛永寺もこれに倣い、江戸城の鬼門にあたる上野の山に置かれました。また、不忍池は、琵琶湖に見立てられました。寛永寺の山号も、東の比叡山を意味する東叡山とされ、寺号も延暦寺に倣い、創建時の元号を冠した寛永寺とされました。

写真 10　東叡山寛永寺の根本中堂

現在の境内正面に鎮座する荘厳な根本中堂（こんぽんちゅうどう）（写真10）は、実は１８７９（明治12）年に川越喜多院の本地堂（ほんぢどう）が移築再建されたものです。かつての根本中堂は、１６９８（元禄11）年に現在の上野恩賜公園の大噴水の場所に建立されましたが（写真7）、戊辰戦争で焼失してしまいました。上野恩賜公園内には、現在でも寛永寺の諸堂が点在し、かつての寺域の広さを物語っています。

ここまで見てきたように、上野駅とその周辺には、実に多様な土木遺産や歴史資源が積層しています。そうした遺産や資源がまちにすっかり溶け込み、それがまちの魅力に付加価値をもたらしています。買い物をするもよし、花見をするもよし、博物館や美術館をめぐるもよし、寺院を訪ねるもよし、そうした多彩な楽しみ方ができることが、上野のまちの魅力です。土木遺産を見て歩きながら、多彩な魅力を味わいに、上野のまちに繰り出してみてはいかがでしょうか。

〈参考文献〉

小林一郎：「東京の近代建築II」、吉川弘文館、2014
小林安茂：「上野公園」、郷学舎、1980

コラム：世界文化遺産　国立西洋美術館

2016（平成28）年7月、上野恩賜公園内の「国立西洋美術館」が、「ル・コルビュジエの建築作品ー近代建築運動への顕著な貢献ー」としてユネスコの世界文化遺産に登録されました。世界的建築家・都市計画家であるル・コルビュジエの作品群から、国立西洋美術館を含む3大陸7か国（フランス・日本・ドイツ・スイス・ベルギー・アルゼンチン・インド）の17作品が選ばれ、世界文化遺産に登録されたのです。

ル・コルビュジエは、“近代建築の父”とも称される偉大な建築家の一人で、「近代建築の五原則」（ピロティ※、屋上庭園、自由な平面、自由な立面、独立骨組みによる連続窓）を提唱したことで知られます。

コラム写真1　国立西洋美術館本館

国立西洋美術館の正門から前庭を抜けると、正面にコルビュジエが設計した本館が建っています（コラム写真1）。この本館は、1959（昭和34）年に竣工しました。本館に入ると、19世紀ホールと呼ばれる展示室があり、ここは天井から太陽光を取り込む構造になっています。

この美術館の最大の特徴は、展示空間が螺旋（らせん）状になっていることです。これは、展示作品が増えても螺旋を延ばしていくことで展示空間を半永久的に確保できるという、コルビュジエの“無限成長美術館”の構想が具現化されたものです。

本館が建てられてから20年後の1979（昭和54）年に、コルビュジエの弟子である前川國男の設計により、中庭を囲むように新館が建てられました。中庭の緑豊かな景観も美しく、美術品や建築物の鑑賞とあわせて、国立西洋美術館を訪れる楽しみの一つとなっています。

※ピロティ：建築物の1階部分において、壁に囲われずに柱だけで構成される空間のこと。

4 浅草（あさくさ）・押上（おしあげ）

～隅田川河畔の観光拠点を歩く～

浅草と言えば、浅草寺に仲見世、そして雷門（写真1）に花やしきと、世界中から多くの観光客を集める、まさに日本を代表する観光地の一つです。浅草の歴史はたいへん古く、浅草寺には江戸時代以前から多くの参詣客が訪れていたと言われています。

浅草寺の始まりは、628（推古36）年まで遡ります。隅田川で漁をしていた檜前浜成・竹成兄弟が、観音像を網ですくい上げ、それを拝した郷司の土師中知が出家し、自宅を寺に改めて観音像を祀ったことが、浅草寺の始まりとされています。

鎌倉時代以降、浅草寺は多くの武将の信仰を集め、江戸時代には、徳川家康によって浅草寺が幕府の祈願所に定められました。さらに、境内には見世物小屋が軒を連ねるようになり、浅草は参詣地としてだけでなく盛り場としても賑わいを増していきました。

明治に入ると、浅草寺の境内は公園として整備され、1区から7区の街区に区画されました。このうち第6

写真1　浅草寺雷門

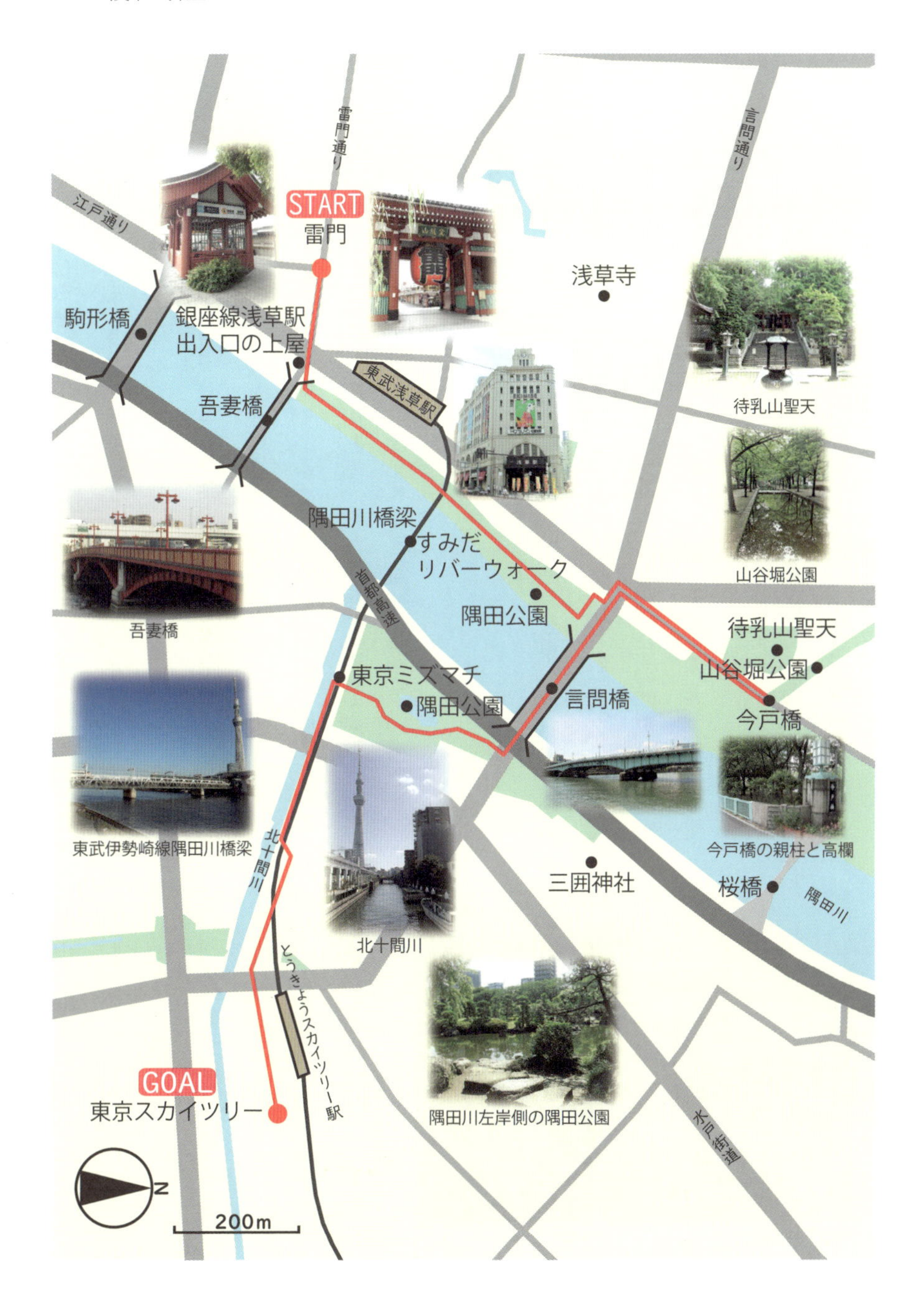

吾妻橋

東武伊勢崎線隅田川橋梁

北十間川

隅田川左岸側の隅田公園

今戸橋の親柱と高欄

区は「浅草6区」とも呼ばれ、ここには演劇場などが建ち並び、新たな賑わいの中心地となりました。また、当時では超高層ともいえる日本初のエレベーターを備えた12階建ての凌雲閣（りょううんかく）もそびえ建ち、浅草は東京を代表する盛り場へと成長していきました。

そして現在、浅草寺を中心とした歴史の趣ある界隈のほか、隅田川越しの東京スカイツリーといった、東京を代表する新たな景観も浅草観光の醍醐味となっています。

こうした中世以来の観光地である浅草周辺には、その歴史を反映して数々の土木遺産が受け継がれています。浅草寺の東側、隅田川右岸から左岸へ、そして東京の新名所である東京スカイツリーをめざして、積層する土地の履歴を物語る土木遺産を見て歩きましょう。

震災復興橋梁　吾妻橋

多くの観光客で賑わう「雷門」から雷門通りを東へ進むと、隅田川に架かるあざやかな朱色のアーチ橋、「吾妻橋」（写真2）が見えてきます。現在の吾妻橋は、1923（大正12）年の関東大震災からの復興にあたり、当時の最新技術を用いて架橋された震災復興橋梁の一つです。

隅田川には、内務省復興局施行のいわゆる「復興六大橋」（言問橋（ことといばし）、駒形橋、蔵前橋、清洲橋、永代橋、相生橋（あいおいばし））に加え、東

写真2　吾妻橋

京市施行の３橋（吾妻橋、厩橋、両国橋）も架橋され、これらは総称して「復興九大橋」と呼ばれます。さらに、震災を耐え抜いた「新大橋」を加え、「隅田川十大橋」と呼ばれることもあります。

吾妻橋は、３径間の上路式２ヒンジ※鋼アーチ構造で、１９３１（昭和６）年に竣工しました。吾妻橋の位置にはじめて橋梁が架けられたのは１７７４（安永３）年で、この時は木橋でした。当時、吾妻橋から下流の隅田川が大川と呼ばれていたことから、この木橋は、はじめは「大川橋」と呼ばれていました。それが、いつしか吾妻橋と呼ばれるようになり、１８７６（明治９）年に西洋式の木橋に架け替えられた際、正式に橋名が吾妻橋となりました。

※ヒンジ構造：ピンなどを用いて、支点を中心として回転する支承構造のこと。

東京メトロ銀座線と東武伊勢崎線

吾妻橋の右岸側（西側）の袂は、東武伊勢崎線の浅草駅のほか、東京メトロ銀座線の出入口、さらに隅田川を行き来する水上バスの発着場が集まる、まさしく交通の結節点です。

これらの交通機関のうち最も歴史が古いのが、東京メトロ（開業当時は東京地下鉄道）「銀座線」です。

銀座線は、１９２５（大正14）年に着工し、１９２７（昭和２）年に開業した東洋初の地下鉄です。開業時は、浅草〜上野間のわずか２・２㎞でしたが、１９３４（昭和９）年には浅草から新橋まで延伸し、さらに１９３９（昭和14）年には東京高速鉄道との相互乗り入れにより浅草〜渋谷間の全線が開通しました。

トンネルの構造を普段あまり意識することはありませんが、実は、銀座線の浅草〜新橋間のトンネル

写真3　銀座線浅草駅4番出口

には、国内で初めてH形鋼※を用いた鉄鋼框構造※が採用されました。また、末広町〜神田間のトンネルは、なんと神田川の川底に通されています。こうした、当時の土木技術の粋を集めた銀座線の構造物は、土木遺産として高く評価されています。

なお、吾妻橋の袂にある東京メトロ銀座線浅草駅の「4番出口の上屋」（写真3）は、切妻型の寺院風の意匠が特徴的です。この上屋は、1927（昭和2）年の銀座線開通時のものであると言われています。実は、この上屋の格子には、〝地下鉄出入口〟の文字が隠されています。浅草散策の折に、ぜひこの隠し文字を探してみてください。

一方、「東武伊勢崎線」（路線愛称名　東武スカイツリーライン）のターミナルである「浅草駅」は、百貨店の入るビル（写真4）に収められています。このビルは、地下1階、地上7階の鉄骨鉄筋コンクリート造で、その2階に2面4線の頭端式（行き止まり式）のプラットフォームが設置されています。こうした駅と同一の建物内に百貨店を併設する手法は、当時関西ではすでに実践されていましたが、関東では1931（昭和6）年に竣工した浅草駅が初めての試みでした。

写真4　東武鉄道浅草駅

※H形鋼：鋼の塊を熱して、H形の断面形状に圧延した鋼材のこと。
※鉄鋼框構造：柱と梁を格子状に組み合わせ、それらの接合部を固定した枠を一定間隔で配置してトンネルを支える構造のこと。

隅田川右岸を歩く

吾妻橋上流の隅田川両岸には、「隅田公園」が広がっています。現在、左岸側（東側）は墨田区、右岸側（西側）は台東区が管理しています。この隅田公園は、関東大震災後の復興事業の一環で整備された我が国初の大規模な臨水公園の一つで、「浜町公園」や「錦糸公園」とともに震災復興三大公園とも呼ばれています。

隅田公園を上流へ進むと、東武伊勢崎線の「隅田川橋梁」（写真5）が迫ってきます。この橋梁は、かつて業平橋（なりひらばし）駅（現 とうきょうスカイツリー駅）を起点としていた東武鉄道が、隅田川を渡り浅草へと乗り入れるために、1931（昭和6）年に架けられました。

隅田川橋梁の設計を指導したのは、帝都復興院（のち、内務省復興局）で震災復興橋梁を手掛けた技師田中豊です。隅田川橋

写真5　東武伊勢崎線隅田川橋梁

写真6　すみだリバーウォーク

梁の橋梁形式は、3径間ゲルバー式※中路ワーレントラス橋ですが、車窓から隅田川への眺望に配慮して、つまりトラスの斜材で眺望が妨げられることのないよう、トラス橋の主桁の上部と車窓の下端を一致させています。こうした配慮からも、当時の技術者の景観に対する意識の高さをうかがい知ることができます。

なお、隅田川橋梁の下流側には、2020（令和2）年6月に歩道橋「すみだリバーウォーク」（写真6）が併設され、浅草と東京スカイツリーをつなぐ新たな動線が創出されました。

隅田川橋梁からさらに上流へ歩を進めると、吾妻橋と同じ震災復興橋梁の一つである「言問橋」（写真7）が見えてきます。1928（昭和3）年に竣工した言問橋の橋梁形式は、周辺景観への配慮からすっきりとした3径間のゲルバー式鈑桁橋※が採用されました。

さらに、言問橋の上流には、〝X〟形のユニークな平面形状を持つ、歩行者専用橋梁「桜橋」（写真8）が架けられています。桜橋は、1985（昭和60）年に竣工し、その橋名は両岸が桜の名所である

写真7　言問橋

ことに由来しています。

※ゲルバー橋：連続橋の主桁の途中にヒンジを設けて静定構造とした形式の橋梁のこと。支点に不等沈下が生じたとしても、上部構造内に無理な応力や変形が生じることがないことから、地盤沈下が想定される都市部に広く用いられる。なお、主構造が桁橋である場合はゲルバー桁橋、トラス橋である場合はゲルバートラス橋と呼ばれる。
※鈑桁橋：鋼板をＩ形に組み立てた桁（プレートガーダー）を主桁に用いた橋梁のこと。プレートガーダー橋ともいう。

山谷堀と待乳山聖天（まつちやましょうでん）

言問橋の上流右岸側に、北西方向へ細長い形をした公園があります。「山谷堀公園（さんやぼりこうえん）」（写真９）と呼ばれるこの公園は、かつてこの場所に流れていた山谷堀を埋め立てて造られた公園です。山谷堀の開削年代は不明ですが、江戸時代初期には、現在の北区を流れる「音無川（おとなしがわ）」（石神井用水）から隅田川へと通ずる掘割として開削されていたと考えられています。

１６５７（明暦３）年に発生した明暦の大火後に、山谷堀沿

写真９　山谷堀公園

写真８　桜橋の橋上から見た隅田川左岸

写真 10　今戸橋の親柱と高欄

いの日本堤に「吉原遊郭」が移転してきたことから、山谷堀は吉原へ舟で通うルートの一つとなりました。吉原通いを別名山谷通いとも言い、猪牙舟と呼ばれる小舟を仕立てて、江戸市中から山谷堀を経て吉原へ通ったと言われています。現在、日本堤から隅田川までの山谷堀跡が、山谷堀公園として整備されています。

山谷堀公園の入り口には、かつて山谷堀に架けられていた「今戸橋」の親柱と高欄（写真10）が残されています。今戸橋も震災復興橋梁の一つで、1926（大正15）年に竣工したアーチ橋でした。山谷堀の埋め立てに伴い今戸橋は撤去されましたが、わずかに残された親柱と高欄に、かつてこの場所に架けられていた橋梁の記憶をたどることができます。

山谷堀公園のすぐ南、周囲より少し小高い丘の上には、浅草寺の子院である「待乳山聖天」（写真11）が鎮座しています。現在では、中高層の建築物にすっかり囲まれてしまいましたが、かつてはそ

写真 11　待乳山聖天

の立地から、周辺への見晴らしがよく、逆に周辺からもよく眺めることができました。そのため、この待乳山聖天は浅草名所の一つとして、歌川広重の『東都名所』「真土山(まつちやま)之図」（図1）など、数々の浮世絵にも描かれています。

待乳山聖天とともによく浮世絵に描かれた名所の一つに、「竹屋の渡し」があります。竹屋の渡しは、待乳山聖天の麓の山谷堀と隅田川対岸の「三囲(みめぐり)神社」を結んでいた渡しで、現在では言問橋がその役割を担っています。では、その言問橋を渡って、隅田川左岸に足を延ばしてみましょう。

図1　『東都名所』「真土山之図」（国立国会図書館蔵）

隅田川左岸を歩く

言問橋を左岸へと渡ると、墨田区側の「隅田公園」に行き着きます。隅田川の左岸には、川沿いに首都高速道路6号向島線(むこうじません)の高架橋が走っているため、河畔の公園は少し狭く感じますが、高架橋をくぐり堤内地側の公園に足を踏み入れると、右岸の台東区側とは趣の異なる日本庭園風の公園が広がっています。

河畔の隅田公園は「墨堤(ぼくてい)」とも呼ばれ、古くは江戸時代から桜の名所として親しまれてきました。墨堤の桜は、4代将軍徳川家綱によって植えられたのがその始まりであるとされ、その後8代将軍徳川吉宗が再整備を行い、町人も楽しむことのできる場所になったと言われています。

写真 12　隅田川左岸側の隅田公園

一方、首都高速道路の高架橋より堤内地側、つまり陸地側の隅田川と北十間川に面した角地にあたる場所には、かつて水戸徳川家の下屋敷が置かれていました。現在、この屋敷跡は、日本庭園風の公園として整備されています。公園の中央には池が配置されるなど、河畔の公園とは趣の異なる落ち着いた雰囲気を醸し出しています（写真12）。

隅田川からスカイツリーへ

左岸の隅田公園南端に沿って、西から東へと「北十間川」（写真13）が流れています。この北十間川は、舟運や農業用水のために人工的に開削された河川で、現在は隅田川と旧中川を繋いでいます。かつては幅員が10間であったことから、北十間川の名がついたと言われています。

写真 13　北十間川

北十間川に沿って、東武伊勢崎線の高架下を利用した商業施設「東京ミズマチ」が続いています。そしてその先には、２０１２（平成24）年に旧業平橋駅の貨物ヤード跡地に建設された、高さ６３４ｍを誇る巨大な電波塔「東京スカイツリー」がそびえています。

中世以来の観光地浅草から現代の観光地東京スカイツリーへ、二つの観光地を繋ぐエリアを中心に、近世から近代にかけての土木遺産をめぐってきました。長い歴史を反映して、このエリアには幾重もの土地の履歴が積層しています。浅草観光、あるいは東京スカイツリーに訪れた折には、周辺地域に少し足を踏み出して、ここで紹介した土木遺産を手掛かりに、新たな発見を楽しみながら、より深く、そしてより詳しく、地域の歴史に親しんでみてください。

〈参考文献〉

小木新造ほか：『江戸東京学事典』、三省堂、１９８８
小野田滋：『東京鉄道遺産』、講談社、２０１３
鈴木理生：『江戸・東京の地理と地名』、日本実業出版社、２０１２

5 両国（りょうごく）・浅草橋（あさくさばし）
～隅田川両岸をつなぐまちを歩く～

隅田川を挟んで向かい合う両国と浅草橋。両国といえば〝相撲〟、浅草橋といえば〝人形〟と、現在では全国にそのイメージが定着していますが、実はこの2つのまちは、まさしく交通の要衝として、江戸・東京の発展を支え続けてきました。そうした交通結節点に集積する橋梁や鉄道施設を中心に、両国～浅草橋界隈に広がる土木遺産を見て歩きましょう。

東京と千葉を結ぶ両国駅

両国国技館や江戸東京博物館などの東京を代表する観光拠点に囲まれて、JR東日本「両国駅」（写真1）はどこかひっそりとたたずんでいます。現在の両国駅は、1面2線の島式プラットフォーム※に総武線各駅停車のみが停車する駅ですが、開業当初は多くの人や物が行き交うターミナル駅でした。まず、この両国駅の歴史を振り返ってみましょう。

両国駅は、1904（明治37）年4月5日に、民間鉄道会社で

写真1　現在の両国駅

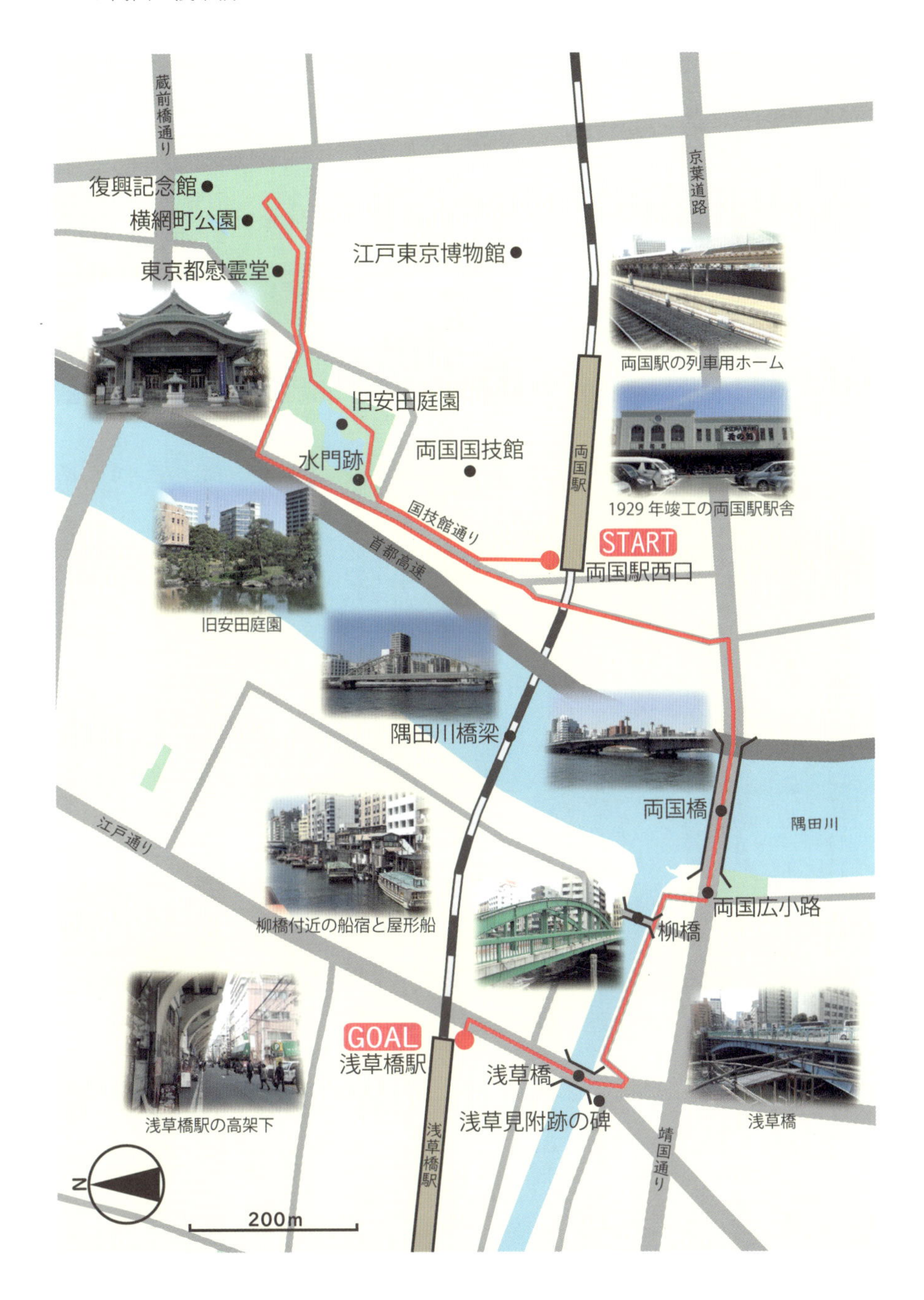
蔵前橋通り
京葉道路
復興記念館
横網町公園
東京都慰霊堂
江戸東京博物館
旧安田庭園
水門跡
両国国技館
両国駅
国技館通り
首都高速
START
両国駅西口
両国駅の列車用ホーム
1929年竣工の両国駅駅舎
旧安田庭園
隅田川橋梁
両国橋
隅田川
両国広小路
柳橋
江戸通り
柳橋付近の船宿と屋形船
GOAL
浅草橋駅
浅草橋
浅草見附跡の碑
靖国通り
浅草橋駅の高架下
浅草橋
浅草橋駅
N
200m

ある「総武鉄道」の「両国橋駅」として開業しました。総武鉄道は、すでに開業していた千葉方面から都心への連絡を図るため、本所（現在の錦糸町）～秋葉原間の免許を取得しましたが、この免許交付の条件として、市街化が進んでいたこの区間を高架化することが要求されました。しかし、当時の総武鉄道にとって高架鉄道の敷設は費用負担が大きく、また都心延伸には隅田川に大規模な鉄道橋梁を建設する必要がありました。そこで、総武鉄道は、いったん本所駅から隅田川手前の両国橋駅（現在の両国駅）まで延伸することとし、１９０４（明治37）年に両国橋駅を都心側のターミナル駅として開業しました。

写真２　1929（昭和４）年竣工の両国駅の駅舎

結局、都心延伸を果たすことなく、両国橋駅開業から３年後の１９０７（明治40）年に、総武鉄道は「総武本線」として国有化され、さらに都心延伸も、関東大震災後の１９３２（昭和７）年まで俟たなければなりませんでした。

１９２３（大正12）年に発生した関東大震災により、両国一帯も甚大な被害を受け、両国橋駅の駅舎も焼失してしまいました。そのため、応急処置として仮駅舎が建設され、震災から約1ヶ月後に営業が再開されました。その後、旅客や貨物の取扱量が増加したことから、１９２９（昭和４）年に新しい駅舎が建設されました。この駅舎は、現在でも両国駅の駅舎として使われ続けています（写真２）。

1931（昭和6）年には、両国橋駅の駅名が「両国駅」に改称されました。そして、その翌年の1932（昭和7）年に、隅田川を渡す「隅田川橋梁」の架橋に伴い、ついに両国駅から隅田川を越えて御茶ノ水駅までの延伸が実現したのです。

御茶ノ水駅までの延伸当初、両国駅以西は電化されていましたが、両国駅以東の千葉方面は未だ電化されていませんでした。そのため、御茶ノ水～両国間は電車が、一方両国駅から東の千葉方面は列車が運行され、それぞれ両国駅で折り返し運転が行われていました。両国駅には電車用ホームと列車用ホームが整備され、相互に乗り換えが必要となったことで、ターミナル駅としての両国駅の需要はよりいっそう高まりました。

しかし、1935（昭和10）年に千葉駅まで電化が進み、列車用ホームから発着する列車が少なくなると、ターミナル駅としての役割も徐々に低下していきました。さらに、1972（昭和47）年に東京～錦糸町間の地下線が建設され、千葉方面から東京駅へ直結する総武快速線が開通すると、両国駅は快速電車の通過駅となり、ターミナル駅としての役割をほぼ終えることとなりました。

実は、現在の両国駅の総武線各駅停車ホームから、かつての列車用ホーム（写真3）を眺めることができます。現在ではほとんど使われることのなくなった列車用ホームですが、その佇まいから、両

写真3　両国駅の列車用ホーム

国駅がターミナル駅として活躍していたころの面影を偲ぶことができます。

※島式プラットフォーム：両側が線路に接しているプラットフォームのこと。島式のほか、単式や相対式などがある。単式プラットフォームは、片側のみが線路に接しているプラットフォームのことで、相対式プラットフォームは、単式プラットフォームを2つ向かい合わせにしたプラットフォームのこと。

旧安田庭園と横網町公園

両国駅から北へ少し歩くと、国技館のすぐ裏側に、都会の喧騒を忘れさせてくれる、緑あふれる空間が広がっています。「旧安田庭園」と「横網町公園」です。

旧安田庭園（写真4）はもともと、1691（元禄4）年に、下野足利藩主本庄氏の下屋敷として造られた大名庭園です。安政年間には、水門から隅田川の水を引き込み、潮の干満により池の水位を上下させる技法を用いた汐入回遊式庭園として改修されました。現在は、人工的に汐の干満を再現していますが、汐入庭園の遺構として、「水門跡」（写真5）が保存されています。

写真5　旧安田庭園の水門跡

写真4　旧安田庭園

写真６　横網町公園

一方、旧安田庭園に隣接する都立横網町公園（写真６）は、慰霊のために造られた公園です。この場所には、もともと陸軍の被服廠(ひふくしょう)が置かれていましたが、１９２２（大正11）年の被服廠移転に伴い、東京市が跡地を買収し、公園として造成をはじめました。その最中に関東大震災が発生し、造成中の公園には多くの周辺住民が避難してきました。ところが、そこに巨大な炎の竜巻、火災旋風が発生し、避難していたおよそ３８、０００人もの方々が亡くなりました。

その後、１９３０（昭和５）年に納骨堂や「慰霊堂」（写真７）、記念碑等が完成し、横網町公園として開園しました。また、翌１９３１（昭和６）年には、震災復興にまつわる様々な資料を展示するため、公園内に「復興記念館」も開かれました。

写真７　東京都慰霊堂

両国橋と総武本線隅田川橋梁

さて、両国という地名は、もともとこの地域が、隅田川を挟んで武蔵国(むさしのくに)と下総国(しもうさのくに)の国境であったことに由来します。まさに、その２

つの国をつないだ橋梁が「両国橋」です。

初代の両国橋は、江戸時代の1657(明暦3)年に江戸市中で発生した「明暦の大火」をきっかけに架橋されました。明暦の大火以前は、幕府が江戸防衛のために隅田川への架橋を制限していたため、隅田川に架かる橋梁は、1594(文禄3)年に架橋された「千住大橋」のみでした。そのため、明暦の大火の際、迫りくる炎から逃れようとした人々は隅田川を前に行く手を阻まれ、多くの人々が焼死したと言われています。そこで幕府は、避難路確保や対岸への交通のために隅田川への架橋を決断し、千住大橋に次ぐ橋梁として両国橋を架橋しました。

江戸の中心部と本所・深川を結ぶ幹線交通路として、当時の両国橋には多くの人や物が行き交いました。また、両国橋西詰の「両国広小路(ひろこうじ)」は、見世物小屋などが立ち並ぶ盛り場として、多くの人々で賑わいました。こうした賑わいの様子は、数々の浮世絵や図会に描かれています。

現在の両国橋(写真8)は、関東大震災からの復興にあたり、1932(昭和7)年に東京市により架橋された震災復興橋梁(復興九大橋)の一つです。橋長は164・5m、幅員は24・0mで、構造は3径間ゲルバー式鋼鈑桁橋(カンチレバー式※プレートガーダー橋)です。ちなみに、現在の桁橋に架け替えられる以前の両国橋の中央径間は、亀島川に架かる「南高橋(みなみたかばし)」(写真9)として再利用されています。

両国橋のやや上流には、総武本線の「隅田川橋梁」(写真10)が架けられています。隅田川橋梁の総支間は172mで、その構造は、鉄道橋としてはわが国で最初となる下路式の補剛アーチ付鈑桁橋(ランガー橋※)です。設計は、隅田川の震災復興橋梁の設計にも従事した田中豊が担いました。

写真８　両国橋

写真９　南高橋

写真10　総武本線隅田川橋梁

神田川の第一橋梁　柳橋

両国橋を対岸に渡ると、そのすぐ北側で神田川が隅田川に注いでいます。一般に、河川の最下流に架

※カンチレバー式：片持ち梁式のこと。一端が固定端で、他端が自由端の構造体をさす。ゲルバー式ともいう。
※ランガー橋：アーチ部材には軸方向圧縮力だけを受け持たせ、桁（補剛桁）に曲げモーメントおよびせん断力を受け持たせた補剛アーチ橋のこと。一般に、アーチ部材が細く、またアーチが曲線ではなく吊り材との交点で屈折する直線部材となることが多い。

かる橋梁を第一橋梁と呼びますが、神田川の第一橋梁にあたるのが「柳橋」（写真11）です。

現在の柳橋は、１９２９（昭和４）年に架橋されました。橋長は約38m、幅員は約13mで、構造は下路式のソリッドリブ※タイドアーチ橋です。先代の柳橋は、１８８７（明治20）年に竣工した鋼鉄橋でしたが、関東大震災で崩落してしまいました。震災復興事業の一環で柳橋は再建されることになりましたが、隅田川支流の第一橋梁は、船頭の帰港の便を考えてそれぞれ異なるデザインとなるよう工夫され、神田川の第一橋梁である柳橋には、１９２６（大正15）年に竣工した永代橋（写真12）のデザインが取り入れられました。

写真11　柳橋

江戸中期以降、柳橋の北詰周辺には花街が栄え、柳橋のほとりには船宿が建ち並んでいました。特に、明治期から大正、昭和にかけて、数多くの料亭や芸者衆が集まり、花街として隆盛を誇っていまし

写真13　柳橋の高欄にデザインされたかんざしのレリーフ

写真12　永代橋

た。現在の柳橋周辺には、オフィスビルやマンションが建ち並び、花街の面影はほとんど残されていませんが、柳橋の高欄にデザインされたかんざしのレリーフ（写真13）や、川辺に数件残る船宿、さらに川面に係留された屋形船（写真14）が、かつての江戸情緒を今に伝えています。

※ソリッドリブアーチ橋：主桁であるアーチ部（アーチリブ）が、プレートガーダーのようなI形や箱形の断面を持つ充腹構造になっているアーチ橋のこと。これに対して、アーチ部が三角形を組み合わせたトラス構造であるものをブレーストリブアーチ橋という。

江戸・東京の交通の要所　浅草橋

柳橋から神田川を上流へ進むとすぐに、「浅草橋」（写真15）が見えてきます。現在の浅草橋は、１９３０（昭和５）年に架橋されました。橋長は３５・８ｍ、幅員は３３・０ｍで、構造は上路式の2ヒンジソリッドリブアーチ橋です。浅草橋の北詰周辺には人形問屋街が広がり、江戸以来の老舗をはじめ多くの店舗が店頭に人形を飾っています。これが、浅草橋が人形のまちと呼ばれる所以です。

現在の浅草橋は、人や車の往来が活発な国道6号を渡していますが、

写真 14　柳橋付近の船宿と屋形船

写真 15　浅草橋

実はこの橋梁は、江戸時代初期から交通の要所として重んじられてきました。江戸時代の浅草橋は、日本橋を起点に浅草そして千住を経由して北へと伸びる奥州・日光街道を渡す橋梁で、まさに江戸の出入口にあたる場所に架けられていました。浅草橋の南詰には浅草御門と呼ばれる桝形門が設置されており、また浅草見附として石垣や櫓なども置かれていました。残念ながら、現在ではその面影は残っておらず、わずかに「浅草見附跡」の碑（写真16）が立てられているのみです。

写真16　浅草見附跡の碑

ＪＲ浅草橋駅と高架橋

神田川に架かる浅草橋の北に、ＪＲ東日本「浅草橋駅」があります。浅草橋駅は、総武本線の両国～御茶ノ水間の延伸に伴い、１９３２（昭和７）年に開業しました。

両国～御茶ノ水間の総武本線の鉄道高架橋は、震災復興で拡幅された広幅員道路や、すでに完成していた現在の山手線、京浜東北線、さらに中央本線といった鉄道をまたぐ必要があったため、当時としては比較的高さの高い大規模な構造物となりました。そのため、高架下の空間利用にも様々な配慮がなされています。

このうち浅草橋駅は、２面２線の相対式プラットフォーム※が設置されていますが、高架下の空間を有効活用するため、線路部分のみが高架橋の桁で支えられ、プラットフォーム部分は両側に張り出すようにカンチレバーで支えられています（写真17）。これにより、高架橋の両側に道路空間が確保されるとともに、プラットフォームを支えるカンチレバーの美しい連なりが、まるでアーケードのように高架下の商業施設と沿道の商業施設との一体感を演出しています。

浅草橋駅から西へ秋葉原駅に向かうと、高架橋は徐々にその高さを増していきます。実は、この区間の高架橋や鋼橋は、標準設計ではなく、区間ごとに異なる設計が採用されています。そうした、いわば〝戦前の鉄道高架橋の集大成〟をつぶさに観察しながら、高架橋に沿って散策してみてはいかがでしょうか。

※相対式プラットフォーム：単式プラットフォームを2つ向かい合わせにしたプラットフォームのこと。単式プラットフォームは、片側のみが線路に接しているプラットフォームのこと。

〈参考文献〉
小野田滋：『東京鉄道遺産』、講談社、2013
加藤雍太郎・中島宏・木暮亘男：『横網町公園－東京都慰霊堂・復興記念館』、東京都公園協会、2009

写真17　浅草橋駅の高架下

6 深川（ふかがわ）

～掘割運河のめぐるまちを歩く～

深川は、東京都心を流れる隅田川の河口部東岸に広がるまちです。江東地区と呼ばれる深川一帯は、かつては東京湾に臨む低湿地で、江戸以来、埋め立てや干拓、さらに掘割運河の開削によってまちが造成されてきました。そうしたまちの成り立ちを踏まえながら、深川に今も息づく土木遺産を見て歩きましょう。

深川の成り立ち

深川をはじめとする隅田川東岸の江東地区が、本格的に市街化される契機となったのは、江戸時代の１６５７（明暦３）年に発生した「明暦の大火」です。明暦の大火は、延焼面積および死者ともに江戸時代最大の火災といわれ、当時の江戸市中の大半が焼失しました。その被害は、江戸城天守閣にも及び、多数の大名屋敷も焼失しました。

この大火からの復興にあたり、江戸幕府は大規模な市街地改造に着手します。御三家や大名の屋敷を江戸城の郭外に移転したほか、寺院も郭外へと移転し、さらに市中に火除地や広小路を設け、防火対策（延焼防止対策）を進めました。また、それまで隅田川を渡す橋梁は「千住大橋」（１５９４（文禄３）年架橋）のみでしたが、大火後に江戸市中と江東地区を渡す「両国橋」（１６５９（万治２）年架橋）や「新大橋」

隅田川
GOAL
小名木川
清洲橋
清洲橋通り
平賀源内電気実験の地
国産セメント工業発祥の地
清澄庭園
佐賀町の倉庫街
旧東京市営店舗向住宅
大島川西支川
仙台堀川
首都高速
清澄通り
永代橋
亀久橋
葛西橋通り
平久川
深川不動堂
八幡堀遊歩道
八幡橋
永代通り
START
富岡八幡宮
大横川
N
200m

（1693（元禄6）年架橋）、さらに「永代橋」（1698（元禄11）年架橋）が架けられ、これにより江東地区の市街化が進みました。

市街化にあたっては、宅地造成のために低湿地が埋め立てもしくは干拓され、舟運路や排水路としての掘割運河がまさに縦横に開削されました。その結果、舟運の便の良い江東地区には、大名の下屋敷や豪商の別邸が置かれ、さらに貯木場（木場）や倉庫群が整えられました。こうして、現在につながる深川のまちの基盤が形成されていったのです。

富岡八幡宮と八幡橋

深川には、深川八幡とも呼ばれる江戸最大の八幡様「富岡八幡宮」（写真1）が鎮座しています。この富岡八幡宮を起点に、深川のまちに歩を進めましょう。

富岡八幡宮は、1624（寛永元）年、周囲がまだ海だったころ、永代島という小島に八幡神像が奉安されたのがその由緒であると言われています。創建当時は、その地名にちなんで「永代島八幡宮」と呼ばれていました。富岡八幡宮で3年に一度開催される深川八幡祭りは、神田明神の神田祭、日枝（ひえ）神社の山王祭とともに、江戸三大祭の一つに数えられています。

写真1　富岡八幡宮

写真２　横綱力士碑

また、富岡八幡宮は、１６８４（貞享元）年から境内ではじめられた、江戸勧進相撲の発祥の地としても有名です。現在でも、富岡八幡宮では新横綱の奉納土俵入りなどの式典が行われ、境内には横綱力士碑（写真２）や大関力士碑など、歴代の力士の四股名が刻まれた数々の碑が建立されています。

さらに、境内には、日本地図の始祖である「伊能忠敬」の銅像も建立されています。これは、伊能忠敬が、１８００（寛政12）年６月１日の朝、富岡八幡宮に参拝してから蝦夷地の測量へ出かけて以来、遠方へ赴くたびに、弟子と従者を連れて必ず富岡八幡宮に参拝したことに由来します。

こうした参詣客で賑わう富岡八幡宮のすぐ東を通る遊歩道に、ひっそりと、しかし深い歴史の刻まれた鉄の橋が架けられています。かつての堀川を埋め立てて整備された遊歩道に架かるこの真っ赤な鉄の橋こそ、国産第一号の鉄の橋「八幡橋」（写真３）です。

八幡橋は、かつては「弾正橋」と呼ばれていました。その弾正橋は、

写真３　八幡橋

1878(明治11)年11月、東京府の依頼で工部省の赤羽製作所により製作・架橋されました。当初は、馬場先門(ばばさきもん)と本所・深川を結ぶ主要な通りの一部として、京橋区(現在の中央区)の楓川(かえでがわ)(現在は埋め立てられて首都高速道路)に架けられていました。

弾正橋の構造形式は、アメリカ人技師スクワイアー・ウィップルの特許を基本とした、単径間の下路式ボウストリングトラス※で、橋長は15・15m、幅員は9・09m、5本の直材を繋いだ折線構造のアーチ(上弦)は鋳鉄で造られ、アーチ以外の垂直材、斜材、下弦材等の引張材は錬鉄で造られました。

1913(大正2)年に、「市区改正事業」により楓川の上流側に新しい弾正橋が架橋されると、もとの弾正橋は「元弾正橋」と改称され、そのまま使用され続けました。その後、1923(大正12)年の関東大震災後の帝都復興計画により、元弾正橋は廃橋となりましたが、わが国初の国産鉄橋としての由緒が惜しまれ、1929(昭和4)年5月に、東京市により現在の地に移築保存されました。この時、幅員は2・0mに狭められ、橋名も八幡橋へと改称されました。

八幡橋は、わが国に現存する鉄橋としては最古級であり、さらに鋳鉄橋から錬鉄橋への過渡期に架けられた橋梁として技術史上高い価値を誇ります。また、橋梁の移築保存の嚆矢(こうし)としても貴重な存在です。こうした価値が認められ、八幡橋は、1977(昭和52)年6月に国の重要文化財に指定され、さらに1989(平成元)年10月には、わが国で初めて米国土木学会より土木学会栄誉賞が贈られました。

※ボウストリングトラス:トラス構造の一種で、上弦が弓なり(ボウ)、下弦が弦(ストリング)の形をしたトラス構造のこと。1841年にアメリカ人技師スクワイアー・ウィップル(Squire Wipple)が特許を取得した。

写真４　亀久橋

清澄庭園と旧東京市営店舗向住宅

富岡八幡宮から八幡橋を渡り、２つ目の交差点を左に折れ、北へしばらく進むと、「仙台堀川」に架かる「亀久橋」（写真４）が見えてきます。

仙台堀川は、江戸時代、江東地区の開発に伴い開削された掘割運河で、かつて隅田川と大横川を結んでいました。仙台堀川の名前の由来は、隅田川との合流点付近の北岸にあった仙台藩の蔵屋敷に、米等を運び込む際に使われていたことに由来します。

亀久橋は、１９２９（昭和４）年に開通したワーレントラス鋼橋で、江東区の都市景観重要建造物に指定されています。江東地区の掘割運河には、亀久橋のほかにも多くの歴史的鋼橋が架橋されており、そうした橋めぐりを楽しむこともできます。

さて、亀久橋から仙台堀川沿いを西へ進むと、右手すなわち北側に、「清澄庭園」（写真５）が見えてきます。清澄庭園は、泉水、築山、枯山水を主体とする「林泉回遊式庭園」の代表格で、東京都の名勝

写真５　清澄庭園

に指定されています。

現在の清澄庭園の場所には、かつて豪商の紀伊國屋文左衛門の屋敷が置かれていたと言われます。その後、享保年間に下総国関宿(せきやど)城主の久世大和守の下屋敷が置かれ、この頃にはすでに庭園が築かれていたとされます。

維新後の1878（明治11）年、三菱財閥の創業者である岩崎彌太郎(やたろう)がこの地を買い取り、社員の慰安や貴賓を招待するために庭園を造成しました。

1923（大正12）年の関東大震災では、庭園の西側を中心に壊滅的な被害を受けましたが、一方で庭園が避難場所としての役割も果たしました。これを受けて岩崎家は、震災翌年の1924（大正13）年に、比較的被害の少なかった庭園の東側を東京市に寄付しました。

その後、東京市は庭園の整備を進め、1932（昭和7）年に清澄庭園として開園しました。なお、関東大震災の被害の大きかった庭園の西側も東京都が買い取り、1977（昭和52）年に追加開園しました。

清澄庭園の東辺、清澄通り沿いには、ファサードのデザインと壁面線、さらに間口幅の揃った、鉄筋コンクリート2階建て（増築されて3階建てのものもある）の長屋店舗が建ち並んでいます（写真6）。

写真6　旧東京市営店舗向住宅

これは、「旧東京市営店舗向住宅」と呼ばれる住宅で、関東大震災からの復興にあたり、当時の東京市が1928（昭和3）年に建築したものです。築後約一世紀を経てなお健在な鉄筋コンクリート造の住宅からは、震災当時の耐震・防火に対する強い思いを感じ取ることができます。

小名木川（おなぎがわ）の変遷

清澄庭園と旧東京市営店舗向住宅をあとに、清澄通りを北へ向かうと、「小名木川」（写真7）に差し掛かります。この小名木川の開削こそ、1590（天正18）年に江戸入りした徳川家康が、最初に手掛けた大規模インフラ整備の一つといわれています。現在の小名木川は、隅田川と旧中川を東西に結ぶ全長4・64㎞の一級河川ですが、小名木川は自然の河川ではなく、人工的に掘られたいわゆる掘割運河です。

江戸入りした家康は、当時、いわば戦略物資であった〝塩〟を確保するため、江戸城下と塩田の広がる行徳（現在の千葉県市川市行徳）を結ぶ舟運路の開削に着手しました。その時開削された舟運路の一つが小名木川です。小名木川の開削は、1596（文禄5）年から18年もの歳月をかけて完成し、徳川家康の命で工事を執り行った小名木四郎兵衛にちなんで、小名木川と名付けられ

写真7　小名木川

たと言われています。

その後、物流の活発化に伴い、小名木川の通行を取り締まる必要性が高まると、１６６１（寛文元）年に、小名木川の西端（隅田川との合流点付近）の深川口にあった深川番所（関所）が、東端（中川との合流点付近）の中川口へと移され、新たに中川番所が開設されました。当初は、鉄砲などの武器や囚人、怪我人、女性の通行を取り締まる江戸の警備拠点の役割を果たしていましたが、小名木川を行きかう舟の増加に伴い、積荷を検査する施設へと番所の性格を変えていきました。

中川番所は、舟運で江戸入りする際の最後の関所であり、利根川・江戸川水系から運ばれるすべての物資が集まるという、きわめて重要な役割を担っていました。なお、当時、こうした関所は関宿（千葉県野田市）と浦賀（神奈川県横須賀市）にも設置されていました。

ここまで、富岡八幡宮と八幡橋を起点に、仙台堀川と亀久橋を経て、清澄庭園と旧東京市営店舗向住宅、さらに小名木川へ、近世から近代にかけて建設された土木遺産を見て歩きました。このほかにも、「深川不動堂」をはじめ、隅田川に架かる震災復興橋梁の「永代橋」（写真８）や「清洲橋」（写真９）、「国産セメント

写真８　永代橋

工業発祥の地」、「佐賀町の倉庫街」、「平賀源内電気実験の地」など、深川の見どころは尽きません。さらに、深川には、深川めしや甘味といった伝統の味も息づいています。

参詣客で賑わう富岡八幡宮や深川不動堂から少し足を延ばして、深川ならではの食を味わいながら、まちの履歴をたどってみてはいかがでしょうか。ゆっくりと過去を振り返りながら、じっくりと未来を考える、そんなかけがえのない充実した一日を過ごすことができるかもしれません。

写真９　清洲橋

〈参考文献〉

伊東孝：『東京の橋』、鹿島出版会、１９８６
阿部貴弘：「弾正橋」、『図説　日本の近代化遺産』、河出書房新社、２００７
江東区教育委員会：『江東区の文化財（有形文化財・有形民俗文化財）』、江東区教育委員会、１９８６
鈴木理正：『スーパービジュアル版　江戸・東京の地理と地名』、日本実業出版社、２００６
中川船番所資料館：『江戸から行徳へ：小名木川・新川と中川番所』、中川船番所資料館、２０１４
深川江戸資料館：『掘割が町をつくる　江東区４００年』、深川江戸資料館、２００７

7 柴又（しばまた）
～江戸川河畔の観光拠点を歩く～

京成金町線の「柴又駅」で下車し、改札口を抜けると、こぢんまりした駅前広場の真ん中で、あの人が出迎えてくれています。そう、映画『男はつらいよ』の主人公、〝フーテンの寅〟こと車寅次郎です（写真1）。お正月休みに『男はつらいよ』を観て、初詣がてら、寅さんを訪ねて柴又へ足を運んだ人も少なくないのではないでしょうか。〝柴又といえば寅さん〟と、いまや全国的に名の通った柴又ですが、すでに江戸時代から、「柴又帝釈天（たいしゃくてん）」で知られる経栄山題経寺（きょうえいざんだいきょうじ）の門前町として、多くの参詣客で賑わっていました。

そうした参詣客で賑わう柴又は、陸運と舟運が交わる交通の要衝であるとともに、都民の暮らしを支える江戸川の利水の拠点としての役割も担ってきました。帝釈天の門前町の風情を楽しみながら、柴又に積層する交通や利水に関わる土木遺産を見て歩きましょう。

写真1　柴又駅の駅前広場と寅さん像

栗山配水塔（千葉県松戸市）
矢切の渡し（矢切側）
江戸川
矢切の渡し
第三取水塔
帝釈堂と瑞龍のマツ
GOAL
第二取水塔
柴又帝釈天
二天門
二天門
帝釈天参道
帝釈天参道の街並み
金町浄水場
START
柴又駅
柴又駅
柴又駅の駅前広場と寅さん像
京成金町線の単線区間
N
200m

帝釈人車鉄道と京成金町線

柴又駅の駅前広場の先には、帝釈天へと続く参道が延びています。その参道の入り口の手前、寅さん像の傍らに建つモニュメントには、「帝釈天」や「矢切の渡し」の解説とともに、「人車鉄道」の解説が記されています。この耳慣れない人車鉄道という交通機関は、まさしく人力で客車を押して旅客を運ぶ、なんとものどかな鉄道です。かつての柴又には、なんとこの人車鉄道が走っていたのです。

1896（明治29）年、現在のJR東日本常磐線にあたる日本鉄道土浦線の田端～土浦間が開通しました。翌1897（明治30）年、現在の金町駅が開業すると、帝釈天の参詣客は金町駅から徒歩で帝釈天へと向かいました。こうした参詣客の利便を図るために敷設されたのが、「帝釈人車鉄道」です。金町駅前から柴又帝釈天まで約1・5㎞を結ぶ帝釈人車鉄道は、全国に29存在した人車鉄道のうち5番目の人車鉄道として、1899（明治32）年に開業しました。客車はトロッコに屋根を付けたもので、10人乗りもしくは6人乗りの客車を、「車丁」と呼ばれる法被姿の押夫が1人か2人で押していたそうです。この人車鉄道は、文人の尾崎紅葉や夏目漱石、さらに時の内閣総理大臣原敬なども愛用していたようです。

寅さんの傍らの解説板によると、〝庚申の日には、一日一万三千余人を乗せた記録が残っている〟という帝釈人車鉄道ですが、1911（明治44）年に京成電気軌道（現　京成電鉄）の第1期線である押上～伊与田（現　江戸川）間及び支線の曲金（現　京成高砂）～柴又間が着工すると、翌1912（大正元）年に京成電気軌道に買収されました。その後、1913（大正2）年に柴又～金町間が電化されるまで、帝釈人車鉄道は人力による運行が続きました。現在、沿線の風景は大きく変わりましたが、京成金町線の単線区間（写真2）に、かつてののどかな人車鉄道の面影をしのぶことができます。

柴又帝釈天と参道の賑わい

それでは、帝釈天の参道へと歩を進めましょう。柴又駅前から帝釈天まで、およそ２００ｍ続く参道沿いには、趣ある団子屋や煎餅屋、駄菓子屋や土産物屋が建ち並び、江戸以来の参道の風情を味わうことができます（写真3）。

団子や煎餅をほおばって、土産物屋を覗き（のぞ）ながら参道を進むと、正面に存在感のある「二天門」が見

写真２　京成金町線の単線区間

写真３　帝釈天参道の街並み

写真４　二天門

えてきます（写真4）。1896（明治29）年に建立された二天門には、その名の由来である南方守護の増長天と西方守護の広目天が安置されているほか、門全体に繊細な彫刻が施され、その美しさに圧倒されます。

二天門をくぐると、いよいよ帝釈天の境内です。正面に「帝釈堂」（写真5）が、その右手に「本堂」が位置しています。帝釈堂の手前には、樹齢約500年のクロマツ「瑞龍（ずいりゅう）のマツ」が、その名の通り龍のように枝を張り、こちらも見応えがあります。

柴又帝釈天の正式名称は「経栄山題経寺」で、江戸時代初期の1629（寛永6）年に建立されました。旧本山は、千葉県市川市にある大本山中山法華経寺です。1779（安永8）年に本堂を改修した際、屋根裏から板本尊（いたほんぞん）が発見され、ちょうどその日が庚申（こうしん）の日であったことから、以来、庚申の日を縁日として大いに賑わったと言われています。

現在、帝釈堂の裏には彫刻ギャラリーが設えられ、その繊細な彫刻美から、帝釈天は別名彫刻寺とも呼ばれています。二天門の彫刻とともに、しばし歩みを止めて、この繊細な美を鑑賞してみてはいかがでしょうか。

なお、柴又は、帝釈天参道のまちなみを中心に、『葛飾柴又の

写真5　帝釈堂と瑞龍のマツ

文化的景観』として、文化庁による「重要文化的景観」に選定されています。東京都初の重要文化的景観として、その賑わいはこれからもきっと続いていくことでしょう。

いまも続く矢切の渡し

帝釈天をあとに、境内をぐるりと回りこむようにして東へ抜けると、東京都と千葉県の都県境を流れる江戸川の堤防が見えてきます。堤防に上ると、ゆったりと流れる江戸川の先に、千葉県側の水田と斜面林が広がり、のびやかな開放感のある眺望を楽しむことができます。

さらに目を凝らして江戸川を眺めてみると、渡し船の存在に気づきます。東京都と千葉県を結ぶ現存唯一の渡し船「矢切の渡し」（写真6）です。矢切の渡しは、伊藤佐千夫の『野菊の墓』をはじめ、数々の文学作品や歌謡曲の舞台にもなっています。

現在の柴又7丁目と千葉県松戸市下矢切を結ぶ矢切の渡しは、1631（寛永8）年に、関東郡代伊奈半次郎の管理のもと、近郷の農民らが耕作などのために川を渡ることを目的

写真6　矢切の渡し（遠景）

として整えられたと言われています。しかし、実は近世以前から、この場所は江戸川の重要な渡河地点、すなわち交通の要衝の一つでした。たとえば、葛飾区新宿（にいじゅく）付近で「水戸街道」から分岐して、千葉県市川市国分へ向かう古道「国分道」は、この矢切の渡し付近で江戸川を渡っていたと言われています。

江戸時代には、江戸への出入りを規制するため、江戸近傍の河川には橋をかけることが禁止されていました。そのため、矢切の渡しは、農民らにとってたいへん貴重な交通手段であったことでしょう。江戸川にはかつて11箇所の「渡し」があったと言われていますが、現在は唯一この矢切の渡しのみが現役で運行しています。片道わずか10分足らずの乗船ですが、鳥のさえずりを聞きながら、あるいは歌謡曲を口ずさみながら、のんびりと手漕ぎ船に揺られていると、まさに都会の喧騒を離れ、豊かな時の流れを実感することができることでしょう。

金町浄水場と二つの塔

矢切の渡しから上流に歩を進めると、江戸川の流れの中に建つ2つの塔に目が留まります。この2つの塔は、江戸川から「金町浄水場」（写真7）へ水を取り入れるための「取水塔」です。

江戸川右岸、帝釈天の北に位置する金町浄水場は、東洋一の規模を誇ると言われる巨大な浄水場で、葛飾区や足立区をはじめと

写真７　金町浄水場

する東京都東部に水道水を供給しています。金町浄水場の歴史は古く、1926（大正15）年に操業が開始されました。操業開始当時は、東京都東部の飲み水確保が比較的困難な地域に給水されていました。一方、浄水場のある葛飾区では、飲み水として井戸水が利用され、また各家庭に水道を引くコストもかかることから、当初は浄水場の水は使用されませんでした。

しかし、昭和に入り工業化が進み、周辺に大規模工場が立地し始めると、井戸水の水質が悪化し、1933（昭和8）年以降は葛飾区でも金町浄水場の水道水が供給されるようになりました。ところが、1980年代になると、金町浄水場から給水される水がかび臭く、低品質な水道水であることが社会的に問題となりました。上流部の急速な都市化に伴うインフラ整備の遅れから、生活排水が適切に処理されないまま江戸川に流されてしまったことに加え、千葉県松戸市の下水処理場の影響で、江戸川の水質が悪化したことなどが要因でした。そこで金町浄水場では、1984（昭和59）年に粉末活性炭処理、1992（平成4）年に東京都初の高度浄水処理が導入され、水道水の品質向上が進められました。いまでは、水道水がペットボトルに詰められて販売されるほどおいしい水になりました。

写真８　第三取水塔

さて、この金町浄水場に水を取り入れている2つの取水塔ですが、下流にあるのが1964（昭和39）年竣工の第三取水塔（写真8）で、塔頂部が麦わら帽子を被ったような姿をしているのが特徴です。一方、上流にあるのが1941（昭和16）年竣工の第二取水塔（写真9）で、こちらは塔頂部がとんがり帽子を被ったような姿をしています。なお、金町浄水場の操業当初に建設された第一取水塔は、第三取水塔の竣工後に解体され、現存していません。

特徴的なデザインの2つの取水塔は、江戸川の河川景観にアクセントを与え、映画や漫画にも度々登場しています。また、どことなくレトロな装いは、帝釈天周辺の情緒と相まって、実に和やかな風情を演出しています。

余談ですが、金町浄水場の対岸、千葉県側の斜面林に沿って目を凝らすと、エメラルドグリーンのドームが顔をのぞかせているのがわかります。これは、千葉県水道局栗山浄水場にある栗山配水塔（1937（昭和12）年竣工）（写真10）の塔頂部です。こうした浄水場の集まる柴又周辺は、まさしく利水の拠点であると言うことができるでしょう。

やはり、〞柴又といえば寅さん〟ですが、ここまで見てきたように、柴又に積層する土木遺産にも視野を広げると、寅さんを訪ねる柴又散策が、より味わい深いものになるのではないでしょうか。

写真9　第二取水塔

空気の澄んだ日には、江戸川河畔から筑波山を望むこともできるそうです。土木遺産とともに、帝釈天参道の賑わいと、のびやかな江戸川沿いの眺望を楽しみに、柴又へ出かけてみてはいかがでしょうか。

写真10　栗山配水塔

〈参考文献〉

柴又地域文化的景観調査委員会・葛飾区教育委員会：『葛飾・柴又地域文化的景観調査報告書』、柴又地域文化的景観調査委員会・葛飾区教育委員会、2015

8 中野（なかの）
～変化を続ける西郊のまちを歩く～

中野といえば、〝サブカルチャーの聖地〟として全国にその名を知られていますが、そう呼ばれるようになったのは、実はバブル経済の崩壊後と言われています。〝サブカル〟のイメージが先行する中野ですが、現在、ＪＲ東日本中野駅周辺では、「中野四季の都市」をはじめとする再開発や基盤整備が進み、新たなまちの賑わいが生み出されています。一方、かつての中野は、青梅街道や甲武鉄道の交通・物流の拠点として、あるいは戦時中には軍都としての性格を持つまちでした。

こうした多様な顔を持つ中野の歴史を振り返りつつ、中野駅とその周辺に点在する土木遺産を見て歩きましょう。

青梅街道と中野宿

「中野」という地名は、この一帯が武蔵野台地の中央に位置することに由来するといわれています。その中野が市街化する最初の契機となったのが、江戸時代にさかのぼる「青梅街道」の開通と「中野宿」の開設です。

青梅街道は、街道沿いで産出する物資を江戸に運ぶためのいわゆる産業道路として、江戸初期に整備

GOAL
みずのとう公園
旧野方配水塔
新青梅街道
平和公園通り
哲学堂公園
四聖堂
沼袋駅
哲学堂通り
妙正寺川
平和の森公園
新井天神通り
新井薬師前駅
平和の門
新井薬師
薬師柳通り
早稲田通り
中野四季の都市
中野ブロードウェイ
中野サンモール商店街
中野通り
中野サンモール商店街
中野サンプラザ
中野四季の森公園
START 中野駅北口
中野駅
N
200m
中野サンプラザ

されました。青梅街道は、同じく産業道路としての性格を持つ甲州街道から内藤新宿で分岐し、青梅宿を経て甲府の東方で再び甲州街道と合流していました。甲州街道よりも青梅街道を経由したほうが、甲府まで2里ほど短縮できたことから、いわば甲州街道のバイパスとして、青梅街道には比較的多くの旅客通行がありました。

青梅街道が内藤新宿を出て、最初の宿場にあたるのが中野宿です。中野宿は、現在の中野駅の南方に位置し、旅客の往来とともに、周辺の農産物等の集積地としても賑わいました。

甲武鉄道と中野駅

近代に入り、中野の市街化に拍車をかけたのが、「甲武鉄道」の開通と「中野駅」の開設です。ＪＲ東日本「中央本線」の前身にあたる甲武鉄道は、１８８９（明治20）年に新宿～立川間で開業しました。開業当初は、新宿、中野、武蔵境、国分寺、立川の5駅が開設され、このうち中野は、青梅街道の中野宿の最寄り駅として利用されました。最初の中野駅は、現在よりも西へ約１００ｍの位置に設置され、改札口は南口のみで、現在の桃園通りがいわゆる駅前商店街の様相を呈していました。

その後、明治20年代の終わりから30年代にかけて、中野駅北側の「御囲（おかこい）」※の跡地に、陸軍の鉄道大隊や電信隊、気球隊といった軍事施設が相次いで移転もしくは設置され、中野は次第に軍都としての性格を強めていきました。また、１９３９（昭和14）年には、スパイ養成学校として知られる「陸軍中野学校」が設置されました。戦後、こうした軍事施設の跡地には、中野区役所や「中野サンプラザ」などが建設され、さらに中野学校の跡地は「警察大学校」などの警察施設用地に転用されました。

少し時代を巻き戻しますが、１９２３（大正12）年の関東大震災を契機として、東京でも、中心部から郊外へと人口が流出する〝郊外化〟が進展しました。中央線は、そうした郊外化の牽引役を担い、その利用者は増加の一途をたどり、中野駅の乗降客数も大幅に増加しました。そこで、輸送力を増強するため、１９２８（昭和３）年に新宿〜中野間の中央線が複々線化され、これに伴い、中野駅も南北の敷地に余裕があった現在の位置に移設されました。

さらにこの時、駅周辺の大規模な基盤整備も行われました。まず、駅北側の軍事施設の敷地東端を南北に走る道路が、鉄道の下を通るよう掘り下げられ（写真１）、駅の南北が繋がれました。これが、現

写真１　鉄道の下をくぐる中野通り

写真２　中野駅北口

写真３　中野駅南口

在の「中野通り」です。中野通りとその周辺が、駅の北側から南側に向けて下り坂となっているのは、この時の掘り下げに由来するものです。中野通りと同時に、南北の駅前広場も整備されました（写真2・3）。このうち南口の駅前広場では、東西約120m、南北約150m、深さ約4mにおよぶ大規模な土地の掘り下げが行われ、現在にも通ずる駅周辺の基盤が整えられました。

※御囲：生類憐（しょうるいあわれ）みの令を発布した徳川五代将軍綱吉の時代に、〝お犬様〟を収容するための施設として、現在の中野駅周辺に設けられた広大な犬小屋のこと。

戦後復興から新たなにぎわい拠点の創出へ

第二次大戦中の中野は、軍事施設をねらった大規模な空襲に見舞われました。しかし、終戦直後から、中野駅周辺には沿線随一とも言われたいわゆる〝ヤミ市〟が広がり、いち早く活気を取り戻しました。

1948（昭和23）年には、北口の商店街が東京都の美観商店街に指定され、「中野北口美観商店街」と命名されました。中野北口美観商店街は、現在でも都内随一のアーケードを誇る「中野サンモール商店街」として多くの買い物客で賑わっています（写真4）。また、1966（昭和41）年には住商複合施設である「中野ブロードウェイ」が開業し、さらに1973（昭和48）年には文化複合施設の「中

写真4　中野サンモール商店街

写真5　中野サンプラザ（2021（令和3）年撮影）

野サンプラザ」（写真5）が開業するなど、かつての軍都中野は、商業・文化の拠点として活況を呈するようになりました。

その後、駅北側にあった警察大学校の移転に伴い、その跡地の再開発がすすめられ、2012（平成24）年には、オフィスや大学、公園、病院等からなる「中野四季の都市」が開かれました。四季の都市の中心に位置する「中野四季の森公園」（写真6）には、学生や会社員はもとより、休日ともなると子供連れの家族など多くの来訪者で賑わっています。

旧中野刑務所と平和の門

さて、ここで中野駅をあとに、北へと歩を進めましょう。中野通りを北へしばらく進み、「新井薬師」（写真7）の手前の五差路を斜め左に折れて中野通りを離れ、さらに進むと、正面に豊かな緑に囲まれた「平

写真7　新井薬師

写真6　中野四季の森公園

写真８　平和の森公園

和の森公園」（写真８）が見えてきます。平和の森公園は、「旧中野刑務所」の跡地に開設された公園で、隣接する東京都下水道局中野水再生センターとともに防災公園として整備されました。

旧中野刑務所は、古くは江戸時代の伝馬町牢屋敷を起源とします。伝馬町牢屋敷は、明治に入り１８７５（明治８）年に市谷監獄に移され、その後１９１５（大正４）年に中野に移されてから豊多摩監獄、豊多摩刑務所、さらに中野刑務所と改称されました。

中野に移された豊多摩監獄の設計は、建築家の後藤慶二が担いました。後藤は、１９０９（明治42）年に東京帝国大学工科大学建築学科を卒業後、司法省営繕課へ入り、豊多摩刑務所の設計に従事しました。後藤は、１９１９（大正８）年に30代の若さでこの世を去りますが、１９１５（大正５）年に竣工した豊多摩監獄は、彼の代表作の１つといえるでしょう。

現在の平和の森公園に、後藤の設計した豊多摩監獄の面影をしのぶことはできませんが、唯一、煉瓦造の正門が「平和の門」（写真９）として遺されており、大正期のモダニズム建築を知るうえで貴

写真９　平和の門

重な存在となっています。平和の門が遺されている敷地は、以前は法務省矯正研修所東京支所の敷地でしたが、矯正研修所の移転により、現在は関東財務局が所管する敷地となっています。

哲学堂の成り立ち

平和の森公園から再び中野通りに戻り、新井薬師の脇を抜けて北東へしばらく進むと、「妙正寺川」に差し掛かるあたりで、右手前方に緑に覆われたこんもりとした丘が見えてきます。かつては和田山と呼ばれ、現在は松が丘と呼ばれるこの丘に位置するのが、〝哲学のテーマパーク〟とも称される「哲学堂公園」です。

写真 10　四聖堂

公園名の由来である「哲学堂」の創設者は、哲学館（現在の東洋大学）の創立者である哲学者 井上円了です。井上は、１９０４（明治37）年に、釈迦、ソクラテス、カント、孔子を祀った「四聖堂」（写真10）をこの地に建設しました。これが、哲学堂の始まりです。その後井上は、ここを精神修養の場として哲学に由来する様々な施設を建設し、唯物園、唯心庭、時空岡の３つのエリアと、哲学を理解する上で欠かせない概念等を名称とする77の場を構成しました。

井上の遺志で、哲学堂は１９４４（昭和19）年に東京都に寄贈され、さらに1975（昭和50）年に都から中野区に移管されて「中野区立哲学堂公園」となりました。その後、建築物等の修復がすすめられ、2009（平成21）年には東京都の名勝に指定されました。ちなみに、井上円了の墓所は、哲学堂のすぐ北の蓮華寺にあります。井桁の上に円形の石を載せて、自身の名前を表現した墓石は、生前の井上のアイディアによるものといわれています。どこか、ユーモアがありますね。

中野駅前のにぎやかな空間とは対照的な哲学堂の静寂の中で、ゆっくりと散策を楽しみながら、精神修養に励んでみてはいかがでしょうか。

みずのとう公園と旧野方（のがた）配水塔

井上円了の眠る蓮華寺の少し先には、「みずのとう公園」と呼ばれる公園があります。園内には、まさに巨大な〝みずのとう〟、旧野方配水塔（写真11）がそびえています。

野方配水塔は、関東大震災以降急速に市街化した23区北西部に配水するため、1929（昭和4）年に荒玉水道野方給水場の一角に建設されました。1966（昭和41）年まで現役で稼働し、その後は東京都水道局管理のもと、2005（平成17）年まで災害用給水槽として使われ続けました。

写真11　旧野方配水塔（公園内南側から）

鉄筋コンクリート造、高さ約34ｍ、基部直径約18ｍ、最大約2、000ｔの貯水が可能な野方配水塔は、円筒形の胴体上部に帽子のようなドームを載せ、さらにその頂部に換気塔を設けた〝ドーム付円筒形水道塔〟の最初期の事例として高く評価され、2010（平成22）年に国の有形文化財（建造物）に登録されました。現在の野方配水塔は、まさしくみずのとう公園のシンボルとして、さらに地域のランドマークとして、存在感を誇っています。

中野駅周辺から平和の森公園を経て、哲学堂公園、そしてみずのとう公園へ、点在する土木遺産をたどりながら、わずか数㎞の距離を歩いただけで、実に多彩な中野の歴史に触れることができます。また、駅前から北に向かうにつれて、〝動〟から〝静〟へ、あるいは〝俗〟から〝聖〟へといった、まちの性格の対比も楽しむことができます。

駅周辺をはじめとする中野のまちは、いまも変化を続けています。たとえば、中野駅前のシンボル的存在であった中野サンプラザも、建て替えが進んでいます。そうした変化も、いずれ中野の歴史の1ページとなることでしょう。こうした歴史に培われたまちの多様性こそ、中野の魅力なのではないでしょうか。

〈参考文献〉

『東京人増刊 中野を楽しむ本 2013年6月号』、都市出版、2013
『東京人増刊 哲学堂と中野のまちを楽しむ本 2016年2月号』、都市出版、2016

Ⅲ 近郊編

1 青梅（おうめ）

～青梅宿と多摩川沿いを歩く～

新宿駅から、JR東日本中央線、さらに青梅線を乗り継いで1時間ほどのところに、青梅市の中心に位置する青梅駅があります。青梅といえば、国内外から1万人以上の市民ランナーや著名アスリートを集める青梅マラソンが有名ですが、ほかにも吉野梅郷（よしのばいごう）の梅祭りや昭和レトロのまちなみなども多くの人々に親しまれています。

この青梅市発展の礎となったのは、近世に発達した青梅宿です。江戸時代初頭に、江戸と青梅を結ぶ青梅街道が整えられるほど、青梅宿は物流の拠点として重要な場所でした。そうした、いわば交通の要衝として発展してきた青梅宿には、近世から近代にいたるさまざまな土木遺産が、いまに受け継がれています。青梅宿とその周辺の歴史を振りながら、そうした土木遺産を見て歩きましょう。

青梅市の地形

青梅市は、東京都心から北西へ約50㎞離れた関東平野（武蔵野台地）の西端に位置しています。市の西部には関東山地（秩父山地）がそびえ、そこから市のほぼ中央を多摩川が東流しています。この多摩川は、青梅線の東青梅駅付近を扇頂として、東へと広がる広大な扇状地を形成しています。

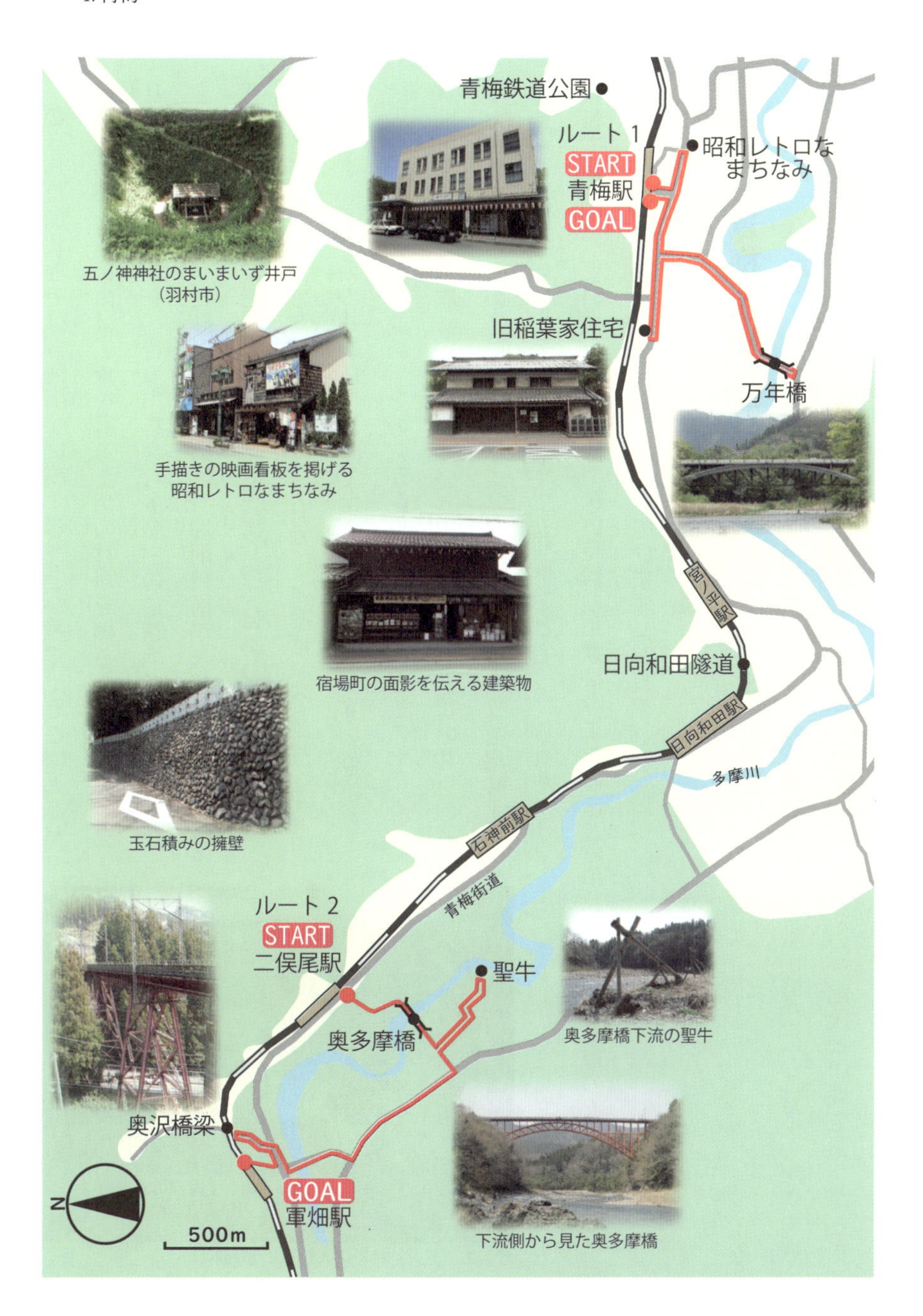

五ノ神神社のまいまいず井戸
（羽村市）

手描きの映画看板を掲げる
昭和レトロなまちなみ

宿場町の面影を伝える建築物

玉石積みの擁壁

奥多摩橋下流の聖牛

下流側から見た奥多摩橋

こうした扇状地では、河川が伏流することが多く、そこに人々が暮らしていくためには、水を得るための井戸を掘らなければなりませんでした。しかし、青梅市を含む多摩川の扇状地では、多摩川が上流から運んできた砂礫等のために、掘削技術が未発達であった時代には、井戸を垂直に掘り進めることは容易ではありませんでした。そこで考案されたのが、「まいまいず井戸」と呼ばれる井戸です。

まいまいず井戸の建設にあたっては、まず、崩れやすい砂礫層では渦巻状に穴を掘り進め、その穴が粘土層に達したところで、今度は地下水脈まで垂直に穴を掘っていきます。この渦巻状の井戸の形がカタツムリの殻の形に似ていることから、カタツムリを意味する〝まいまい〟にちなんで〝まいまいず井戸〟と名付けられたと言われています。まいまいず井戸は、鎌倉時代の和歌に詠まれるほど歴史が古く、青梅市の大井戸公園や、隣接する羽村市の五ノ神神社に現存しています（写真1）。

写真1　五ノ神神社のまいまいず井戸

青梅宿と青梅街道の成り立ち

ここで、「青梅宿」の成り立ちを振り返ってみましょう。鎌倉時代から戦国時代にかけて、現在の青梅市一帯は、地方豪族である三田氏が支配していたといわれています。その三田氏の居城であったとされる勝沼城下で開かれていた二日市場と、北条氏の家臣の居城であったとされる藤橋城下で開かれていた七日市場が、二・七の市として青梅村であわせて開かれるようになったのが、青梅宿の始まりであると言われています。

二・七の市では、青梅縞（おうめじま）と呼ばれる織物をはじめ、近隣から集められた炭や薪、穀類、野菜などの取引が行われ、縞物買付商人や、近郷の人々で賑わいました。こうした近隣から物資の集積する「在郷町（ざいごうまち）」※の性格をあわせもつ青梅宿は、江戸に幕府が開かれると幕府の直轄地となり、森下町には代官陣屋が置かれました。

江戸時代に、青梅から江戸に運ばれた主要な産品には、石灰や木材、織物などがありました。天下普請と呼ばれる江戸城とその城下の大規模建設が行われた江戸初期には、白漆喰（しっくい）壁の資材として石灰の需要が高まりました。青梅宿近傍の上成木村（かみなりきむら）や北小曾木村（きたおそきむら）（いずれも現在は青梅市）では良質の石灰岩が産出されたことから、これらを江戸に輸送するための交通路として、江戸と青梅を直結する「青梅街道」が開かれました。青梅の石灰は、天下普請後も、大火に見舞われた江戸城下の再建に用いられたほか、駿府城や大坂城、名古屋城等の白漆喰壁にも用いられたと言われています。

石灰のほか、青梅宿周辺で産出された木材は、筏（いかだ）流送により多摩川を下り江戸へ運ばれ、石灰同様に江戸城および城下の建設を支えました。また、青梅宿近郷で織られた青梅縞は、江戸中期以降、江戸はもとより全国へと販路を拡大していきました。

こうした物流を支えた青梅街道は、これまでに幾度か路線の付け替えが行われてきましたが、江戸時代の旧青梅街道は、現在でも青梅市のメインストリートとしての役割を担っています。なかでも、青梅駅周辺の旧青梅街道沿道では、宿場の面影を活かした景観形成が進められており、歴史ある建築物も数多く残されています（写真2）。

そのうちの一つ、「旧稲葉家住宅」（写真3）は、青梅駅から街道沿いを西へ10分ほど歩いたところにあります。旧稲葉家住宅は、青梅宿では最大級の規模を誇る住宅で、１９８１（昭和56）年に東京都の有形民俗文化財に指定されました。主屋が軒の低い梁形式であることから、江戸時代後期（18世紀後半）

写真２　宿場町の面影を伝える建築物

写真３　旧稲葉家住宅

写真４　手描きの映画看板を掲げる“昭和レトロ”なまちなみ

の建築であると考えられています。

また、旧青梅街道沿道では、昭和レトロのまちづくりといった観光振興施策も講じられ（写真4）、かつて多くの過客で賑わった宿場の活気を取り戻そうとする取組みも進められています。

※在郷町：近世に入り、全国規模の交通網の発達とともに、幕府による地場産業の振興や地場産品開発の奨励を背景として、農村部において各種商品の生産・製造等の拠点として形成されたまちのこと。

写真５　青梅駅の駅舎

青梅線の歴史と沿線の鉄道遺産

さて、いったん「青梅駅」に戻りましょう。１９２４（大正13）年に竣工した現在の青梅駅の駅舎は、当時この地方では珍しかった鉄筋コンクリート造の建築物です（写真５）。プラットフォームにはレトロな雰囲気の待合室などもあり、昭和のまち青梅の玄関口として、訪れる人々を楽しませています。

この青梅駅は、青梅線の前身である「青梅鉄道」の本社として建てられたものです。青梅鉄道は、１８８８（明治21）年に福生（ふっさ）や羽村の富裕な農家や商人によって設立されました。１８９４（明治27）年には、立川～青梅間の１８・５㎞が開業し、翌１８９５（明治28）年には、石灰石の採石場がある「日向和田（ひなたわだ）駅」まで延伸されました。その後、

１９２９（昭和４）年に「青梅電気鉄道」に社名が変更され、さらに１９４４（昭和19）年に国有化されて青梅線となり、１９８７（昭和62）年の国鉄分割民営化を経て現在に至っています。この間、青梅線は石灰石をはじめとする貨物輸送から、観光客や通勤・通学客などの旅客輸送へと軸足を移してきました。

青梅線沿線には、青梅駅のほか、鉄道開業90周年を記念して１９６２（昭和37）年に開園した「青梅鉄道公園」や、１９１４（大正３）年に竣工したレンガ造の「日向和田隧道」などの様々な鉄道遺産が点在しています。なかでも、青梅駅から奥多摩方面へ向かって５つ目の「軍畑駅」の近傍には、鉄道ファンの間で有名な撮影スポットとなっている「奥沢橋梁」が架けられています（写真６）。１９２９（昭和４）年に竣工した奥沢橋梁は、多摩川に注ぐ平溝川の深い谷を渡すため、鋼材を櫓のように組んだ橋脚が特徴のトレッスル橋※で、全国でも架橋数が少ないめずらしい橋梁です。

※トレッスル橋：構脚橋のこと。櫓状に組まれた橋脚に橋桁を載せた構造の桁橋で、鉄道橋を中心に広い谷を渡す際などに用いられた。

多摩川にまつわる土木遺産

青梅線の「二俣尾駅」からほど近い多摩川に架かる「奥多摩橋」（写真７）も、１９３９（昭和14）年竣工の歴史ある橋梁です。全３径間のうち、主径間が上路式の鋼ブ

写真６　奥沢橋梁

写真７　下流側から見た奥多摩橋

レーストリブアーチ※、側径間が下曲弦の上路式単純ワーレン型鋼ボウストリングトラスというめずらしい形式の橋梁です。水面からの高さは約33m、全橋長約１７６ｍ、このうち主径間のアーチ部のスパンは１０８ｍで、これは戦前の道路用鋼アーチ橋としては最大スパンを誇ります。奥多摩橋は、奥多摩の深い緑に映える、たいへん優美なアーチ橋です。

奥多摩橋から多摩川を少し下ったところに、いくつかの「聖牛（せいぎゅう）」（写真８）を見ることができます。聖牛とは、武田信玄が創案したとされる伝統的河川工法の一つで、河川の水勢を緩和するため、丸太を三角錐状に組んだものを河川に設置し、さらに丸太組みが流されないように石を詰めた蛇籠（じゃかご）を載せたものです。その形が牛の角に似ていることから、聖牛と名付けられたと言われています。

奥多摩橋のさらに下流には、「万年橋」（写真９）が架けられてい

写真８　奥多摩橋下流の聖牛

写真９　下流側から見た万年橋

ます。万年橋は、１８９８（明治31）年に竣工した橋梁で、その橋名には、〝永久に流されないように〟という地元の人々の願いが込められています。架橋以来、万年橋は時代の変化とともにその姿を変えつつ、人々の暮らしを支え続けてきました。

架橋当初は木製だった万年橋は、１９０７（明治40）年にアーチ部が鉄骨となり、多摩川初の鉄橋となりました。しかし、人や車の往来を支えるための補強が必要となったことから、１９４３（昭和18）年に鉄骨にコンクリートを巻きつける補強が行われました。この補強により、当時、万年橋はコンクリートアーチ橋として最大スパンを誇っていました。１９７４（昭和49）年には、交通混雑の緩和を目的として上流側に鋼トラス橋が増設され、上流側と下流側で橋梁形式が異なる特徴的な橋梁となりました。さらに、老朽化などの問題により、２００１（平成13）年から架け替え工事が行われ、２００５（平成17）年に現在の姿となりました。

現在の万年橋は、旧橋のイメージを大事にするという観点からコンクリートアーチ橋とされ、笠石や親柱などは旧橋のものが再利用されています。また、万年橋の近傍には、鋼アーチ橋時代とコンクリートアーチ橋時代の計95年間使われていた支承※が展示されています。

物流の拠点、さらに交通の要衝として発展してきた青梅宿とその周辺には、地域の暮らしや産業を支えてきた数々の土木遺産がいまに受け継がれています。ここで紹介することのできなかった土木遺産も少なくありません。たとえば、市内の随所に見られる美しい玉石積みの擁壁（写真10）もその一つです。

おそらく、地場産の多摩川の川石を使って、地場の技術で積まれたものでしょう。

こうした身近な土木遺産は、少し視野を広げてまちを歩くだけで、いくつも発見することができるはずです。そんな宝探しを楽しみに、青梅のまちを歩いてみてはいかがでしょうか。

※ブレーストリブアーチ橋：主桁であるアーチ部（アーチリブ）が、三角形を組み合わせたトラス構造になっているアーチ橋のこと。

※支承：橋梁の上部構造（橋桁や主構）と下部構造（橋脚や橋台）の間に設置され、上部構造の荷重を下部構造に伝える部材のこと。

写真 10　玉石積みの擁壁

〈参考文献〉

阿部貴弘：「奥多摩橋－住民の想いがつないだ橋－」、土木学会誌 Vol.96 no.8, 土木学会、２０１１
小木新造ほか：『江戸東京学事典』、三省堂、１９８８

2 川崎（かわさき）

～東海道 川崎宿周辺を歩く～

「東海道五十三次」として知られるように、江戸時代の五街道の一つである「東海道」には、53箇所の宿駅（しゅくえき）が設けられました。日本橋を発って最初の宿駅は品川宿、そして2番目の宿駅が「川崎宿」です。川崎宿を基盤とする現在の川崎駅とその周辺は、歴史に培われた様々なまちの魅力にあふれています。そうしたまちの魅力を支え続けてきた土木遺産を見て歩きましょう。

関東初の電気鉄道「大師電気鉄道」

現在の京浜急行電鉄（略称　京急）は、都心と羽田空港、さらに横浜や三浦半島を結んでいますが、この京急の発祥が、京急川崎駅から枝分かれしたわずか数駅の「京急大師線」であることは、あまり知られていません。まず、川崎駅を起点とする京急大師線の履歴をたどってみましょう。

明治維新後の１８７２（明治５）年、新橋と横浜を結ぶ日本初の鉄道が開業しました。これを皮切りに、まさに近代化を象徴するインフラとして、全国各地で鉄道建設が進められました。こうしたなか、新橋～横浜間に位置する川崎駅から川崎大師へ向かう参詣客の多さに着目した資本家等により、１８９６（明治29）年に川崎駅と川崎大師を鉄道で結ぶ『川崎電気鉄道敷設特許請願書』が政府に提出されました。

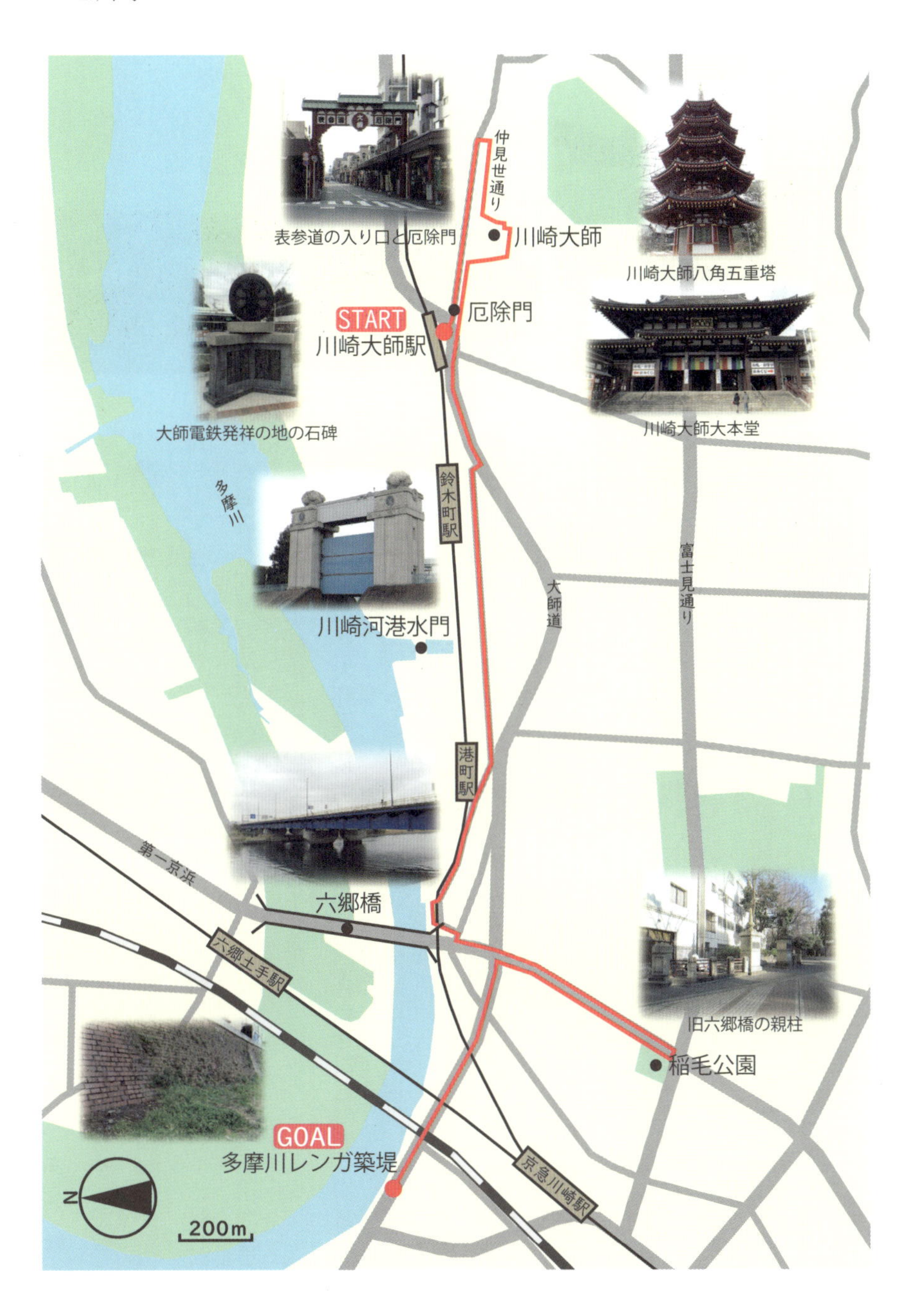
仲見世通り
川崎大師
表参道の入り口と厄除門
川崎大師八角五重塔
START
川崎大師駅
厄除門
川崎大師大本堂
大師電鉄発祥の地の石碑
多摩川
鈴木町駅
大師道
富士見通り
川崎河港水門
港町駅
第一京浜
六郷橋
六郷土手駅
旧六郷橋の親柱
稲毛公園
GOAL
多摩川レンガ築堤
京急川崎駅
N
200m

写真２　大師電鉄発祥の地の石碑

写真１　川崎大師駅

当時の参詣客(さんけい)は、川崎駅から川崎大師まで徒歩で向かうか、あるいは人力車を利用していました。そのため、人力車・乗合馬車組合や、風致が害されることを懸念した地元の人々は、この鉄道敷設計画に激しく反対します。その結果、川崎駅との接続は断念され、川崎駅から少し離れた六郷橋と大師停留所を結ぶ約２・０㎞の区間で、１８９９（明治32）年１月21日に「大師電気鉄道」が開業しました。

この開業は、川崎大師御縁日の〝初大師〟に合わせたもので、初日から車内は参詣客で溢れたと言われています。大師電気鉄道は、京都、名古屋に次いで日本で３番目、関東では初の電気鉄道で、日本で最初に国際標準軌間※（１４３５㎜）を採用した先駆的な鉄道でした。

※軌間：レールとレールの間の距離のこと。

川崎大師とその門前

京急川崎駅から大師線に乗って５分ほどで、「川崎大師駅」（写真１）に到着します。ちなみに、川崎大師駅南口の駅前広場の片隅には、「大師電気鉄道発祥の地」であることを示す石碑（写真２）が建てられています。

写真３　表参道の入り口と厄除門

写真４　川崎大師 大本堂

それでは、川崎大師駅から、川崎大師へと歩を進めましょう。駅前広場を左手に出ると、川崎大師の表参道の入り口に建てられた「厄除門（やくよけもん）」（写真３）が目に留まります。この厄除門をくぐり表参道商店街へ入ると、多数のお土産物屋や屋台が建ち並んでいます。表参道の東端を右手に回り込むようにU字型に進むと、今度は「仲見世通り」に入ります。

仲見世通りは、表参道にも増して活気に溢れています。沿道には久寿餅（くずもち）屋や飴屋など昔ながらの趣ある店々がひしめき、売り子の元気な声やトントコトントコと店先でさらし飴を切る音が響き渡ります。飴は日持ちが良いことに加え、〝飴を切る〟という動作が〝厄を切る〟ことに通じることから、参詣客の土産物として定着し、わずか１５０ｍ程の仲見世通りには多くの飴屋が並んでいます。

仲見世通りを抜けると、いよいよ「川崎大師」の境内です。毎年、正月には約３００万人が詣でる川崎大師の境内は広く、正面の「大本堂」（写真４）のほか、色彩豊かな「八角五重塔」（写真５）

写真５　川崎大師 八角五重塔

なども見応えがあります。

川崎大師と通称で呼ばれる金剛山金乗院平間寺は、いまからおよそ890年前の1128（大治3）年に建立されました。その後、江戸に幕府が開かれると参詣客は徐々に増え、1813（文化10）年に第11代将軍徳川家斉が参詣してからは、広く武士や町人も参詣するようになったと言われています。

多摩川にまつわる土木遺産

続いて、川崎大師から川崎駅方面へ、多摩川沿いを歩いてみましょう。川崎大師から川崎駅にかけて、多摩川の右岸沿いには、大規模な工場群が立地しています。そのなかで、京急大師線の鈴木町を越えたあたりに、ひときわ重厚感のある水門がそびえています。1926（大正15）年着工、1928（昭和3）年竣工の「川崎河港水門」（写真6）です。

大正末期、第一次大戦による好景気を背景に、多摩川河口付近の右岸側に内陸運河を開削し、多摩川の水運と接続しようとする大規模な運河計画が立案されました。この計画の一環で、内陸運河と多摩川を結ぶ位置に建設されたのが川崎河港水門です。

水門の設計は、内務省多摩川改修事務所長の金森誠之が担い、高さ20・3m、水門幅10・0m、門

写真6　川崎河港水門

柱は鉄筋コンクリート造、基壇※は鉄筋煉瓦造、そしてゲートは鋼製フロントローラー式スライドゲート※の水門が完成しました。門柱の頭頂部には、当時の川崎の名産品であった梨や桃、葡萄(ぶどう)をモチーフとした彫刻や飾り窓などの装飾が施されています。

この運河計画は、1935(昭和10)年に内務省の事業認可を得ましたが、その後の社会・経済情勢の変化や第2次世界大戦の開戦といった要因から、1943(昭和18)年に廃止に追い込まれました。計画廃止に伴い、当然、運河の開削も中断され、220mほど開削されていた運河のうち、現在では水門から内陸へわずか80mの区間のみ水面が遺(のこ)されています。遺された水面は船溜まりとして利用されており、現在でも日に数隻程度の砂利運搬船が出入りしています。

実現することのなかった運河計画の遺産ともいえる川崎河港水門は、その歴史的価値や意匠等が評価され、1998(平成10)年に国の有形文化財(建造物)に登録されました。竣工からおよそ一世紀を経て、いまなお衰えることの無い存在感を放つこの水門は、これからも多摩川の水辺の変遷を見守り続けることでしょう。

さて、水門から上流にしばらく歩くと、多摩川に架かる「六郷橋」(写真7)が見えてきます。現在の六郷橋は、1997(平成9)年に竣工したものですが、初代は「六郷大橋」として1600(慶

写真7　現在の六郷橋

写真８　稲毛公園に移設された旧六郷橋の親柱

長５）年に架橋されました。また、１９２５（大正14）年に架橋された先代の六郷橋は、橋梁コンサルタントとして名高い増田淳（じゅん）の設計によるもので、低水路※をまたぐ2連の鋼製タイドアーチが特徴的でした。この先代の六郷橋の親柱は、川崎市側は稲毛公園（写真8）に、対岸の東京都大田区側は橋門とともに宮本台緑地に移設保存されています。

六郷橋からさらに上流へ進み、京急本線やＪＲ東日本東海道本線の鉄橋をくぐり抜けると、ちょうど多摩川が北へ屈曲するあたりに、レンガ造の護岸壁が見えてきます（写真9）。「多摩川レンガ築堤」と呼ばれるこの護岸壁は、かつてこの地にあった明治製糖川崎工場の施設の一部として築造されたもので、水運で運ばれてきた原料が、ここで工場に陸揚げされていました。まさしく土地の履歴を物語る多摩川レンガ築堤は、現在は多摩川親水公園の一部として再利用されています。

写真９　多摩川レンガ築堤

普段何気なく使っているインフラも、その成り立ちを紐解けば、まちとの関わりや建設にまつわる様々なエピソードに出会うことができます。川崎大師から川崎駅方面へ、わずか3㎞ほどの行程でしたが、そこには、交通の要衝として、宿場以来の歴史を反映した実に多様な土木遺産が集積しています。そうした土木遺産を通して〝まち〟を見ることで、より詳しくまちを知り、そして、より本質的なまちの魅力を見出すきっかけになるのではないでしょうか。

よく目を凝らせば、ほかにも歴史に培われた川崎の魅力に出会えることでしょう。川崎大師の飴をなめながら、ゆっくりとまち歩きを楽しんでみてはいかがでしょうか。きっと、新しい発見があるはずです。

※基壇：建造物をその上に建てるために築いた壇のこと。
※スライドゲート：上部に設置した巻き上げ機などを用いて、扉体を上下にスライドさせて止水するゲートのこと。
※低水路：河川敷のうち、通常の川の水が流れている流路のこと。これに対し、洪水の時だけ水が流れる部分を高水敷という。

〈参考文献〉

井上広和・瀧戸喜代司：『日本の私鉄　京浜急行』、保育社、1998
葛西道夫：『京浜急行歴史散歩』、鷹書房、1987

3 横浜（よこはま）
〜近代の港町を歩く〜

横浜といえば、多くの人が異国情緒漂う洒落た港町をイメージするのではないでしょうか。横浜が、〝ヨコハマ〟あるいは〝YOKOHAMA〟と表記されることが多いのもその表れだと思います。

現在では、380万人近い人口を擁し、年間約3,000万人の観光集客と約1億トンの総取扱貨物量を誇る横浜市ですが、その中心部は、江戸末期には100戸足らずの半農半漁の寒村でした。そんな横浜が、1854（嘉永7）年に再来航したアメリカ東インド艦隊司令長官ペリーと幕府との交渉地に選ばれ、そこで日米和親条約が締結されたことで、一躍歴史の表舞台にデビューしたのです。

さらに、1858（安政5）年にアメリカをはじめとする五か国と結ばれた修好通商条約において、長崎、函館、新潟、神戸とともに開港場の一つに位置付けられたことから、横浜は港町として大きな一歩を踏み出しました。以来、西洋の近代技術を取り入れながら、外国人居留地の都市基盤や、港湾施設をはじめとするインフラが整えられ、今日の発展に至る港町横浜の礎が築かれたのです。

横浜は、いわば土木遺産の宝庫です。横浜の発展を支え続けてきた土木遺産の成り立ちと変遷を知ることで、まちの魅力をより深く味わうことができるでしょう。少し長くなりますが、みなとみらい地区からぐるりと時計回りに山手地区まで、横浜の中心部に積層する土木遺産を見て歩きましょう。

旧第２号ドック
（ドックヤードガーデン）
日本丸メモリアルパーク
汽車道
旧第１号ドック
ナビオス横浜
港二号
橋梁
港三号
橋梁
港一号
橋梁
灯台寮跡
横浜赤レンガ倉庫
大さん橋
START
桜木町駅
新港橋梁
日本の鉄道発祥の地
記念碑
象の鼻パーク
象の鼻
象の鼻の由来となった突堤
大岡川
山下公園
山下公園通り
日本大通り
吉田橋
関内駅
日本大通り
朝陽門
横浜公園
首都高速神奈川1号横羽線
（派大岡川跡）
横浜中華街
谷戸橋
大通り公園
前田橋
堀川
元町ショッピングストリート
西之橋
石川町駅
西之橋
首都高速
中村川
山手隧道
第二山手隧道
櫻道橋（手前）と
山手隧道の坑門（奥）
GOAL
打越橋
櫻道橋
第二山手隧道の
坑門（北側）
N
500m

写真１　現在の桜木町駅

日本初の鉄道と横浜駅の変遷

ＪＲ東日本「桜木町駅」（写真１）の北側に広がる「みなとみらい地区」は、横浜ランドマークタワーを擁する横浜観光の拠点の一つです。２００４（平成16）年に横浜高速鉄道のみなとみらい駅が開業するまで、桜木町駅はみなとみらい地区の最寄り駅でした。実はこの桜木町駅が、日本初の鉄道の起終点駅であった初代「横浜駅」だったのです。

明治維新後、国土の近代化をめざす明治政府は、イギリスからの支援を受けて鉄道建設を進めました。１８７２（明治５）年６月12日（旧暦の５月７日）に横浜〜品川間で日本初の鉄道が仮開業し、さらに10月14日（旧暦の９月12日）に横浜〜新橋（汐留）間で正式開業しました。この時の初代横浜駅が、現在の桜木町駅にあたります。それを示すように、桜木町駅の新南口の近傍には、「日本の鉄道発祥の地」の記念碑（写真２）が建てられています。

その後、１９１５（大正４）年に、２代目横浜駅が初代と現在の横浜駅の中間に位置する横浜市営地下鉄高島町駅付近に開業し、同時に初代横浜駅は桜木町駅に改称しました。この２代目横浜駅は、関東大震災により開業わずか８年後の

写真２　日本の鉄道発祥の地記念碑

1923（大正12）年に焼失してしまいました。震災から6日後に仮駅舎を設置して営業を再開したものの、移転が決まり、1928（昭和3）年に現在の横浜駅の場所に3代目横浜駅が開業しました。その後、3代目横浜駅は改築され、現在の横浜駅は4代目にあたります。

それでは、桜木町駅からみなとみらい地区へと歩を進めましょう。

横浜港の造船・修船を支えた横浜船渠（せんきょ）

横浜ランドマークタワーをはじめ、多くの高層建築物が建ち並ぶみなとみらい地区には、かつて「横浜船渠」と呼ばれた横浜港最大の船舶修理施設を持つ造船所が広がっていました。現在でも、高層建築物の足元には、造船所の記憶を伝える土木遺産が遺されています。

1859（安政6）年の開港以降、横浜港は貿易港として急速な発展を遂げました。横浜港に出入港する船舶の増加に伴い、船舶を修理するための近代的な船渠（ドック）建設の要請も強まります。そこで、1889（明治22）年に、日本を代表する実業家の渋沢栄一や、原善三郎をはじめとする横浜の実業家らが合同して『横浜船渠会社設立願書』を知事に提出し、1891（明治24）年に「有限会社横浜船渠会社」の設立が許可されました。

1896（明治29）年には、イギリス人技師パーマーによる基本設計を踏まえ、海軍技師恒川柳作（つねかわりゅうさく）が実施設計・監督した石造のドライドック※（第2号ドック）が竣工しました。さらにその2年後の1898（明治31）年には、同じく恒川による石造ドライドックの第1号ドックが竣工しました。

第1号ドックは、総長約168m（1918（大正7）年に船舶の大型化に伴い総長約204mに拡張）、上端幅約34m、深さ約11m、一方、第2号ドックは、総長約128m、上端幅約19m、深さ約9mの規模を誇るドライドックです。いずれも、神奈川県真鶴（まなつる）産の小松石（安山岩）を使用した石造りのドックです。横浜船渠は、こうした大型ドックを用いた本格的な船舶修理事業を開始し、その後は横浜港唯一の大型船舶の修理施設として発展しました。

1917（大正6）年には、横浜船渠は新たに造船事業に参入し、同年11月10日に第一船となる「神天丸」を竣工しました。現在山下公園に係留されている「氷川丸（ひかわまる）」（写真3）も、このドックで建造されたものです。

写真3　氷川丸

ところが、1960年代に入ると、これらのドックでは船舶の大型化に対応することが難しくなり、徐々に需要が低下し、ついに1979（昭和54）年にその役目を終えました。1982（昭和57）年には、造船所の本牧・金沢地区への移転が完了し、同時に第1号ドックの閉渠式が行われ、明治時代半ばから続いた歴史に幕が下ろさ

写真4　旧第1号ドックに係留されている帆船「日本丸」

写真５ ドックヤードガーデン（旧第２号ドック）

れました。
その後、１９９７（平成９）年に、横浜ランドマークタワーの敷地内に再生された「旧第2号ドック」が国の重要文化財に指定され、さらに２０００（平成12）年に、「旧第1号ドック」が同じく国の重要文化財に指定されました。現在、旧第1号ドックには帆船「日本丸」が係留されており、船内を見学することもできます（写真４）。一方、旧第2号ドックは、横浜ランドマークタワーと一体的にドックヤードガーデンとして整備され（写真５）、主にイベントスペースとして活用されています。

※ドライドック：船底の検査や整備・修理などを行うための施設のこと。海から陸へ掘り込んだ掘割に船を入れ、水門を締めて排水することで、船底の検査や修理を行うことができる。

2つの拠点をつなぐ臨港鉄道と汽車道

旧第1号ドックに隣接する日本丸メモリアルパークから赤レンガ倉庫に向けて、一本の遊歩道が延びています（写真６）。「汽車道（きしゃみち）」と呼

写真６　赤レンガ倉庫に向かう遊歩道「汽車道」

写真7　港一号橋梁

ばれるこの遊歩道は、その名の通り、かつて初代横浜駅と新港埠頭（しんこうふとう）を結んでいた臨港鉄道の廃線跡を活用したものです。

1899年（明治32）年に始まった横浜港第2期築港工事の一環で、新港埠頭の海陸連絡設備として整備された「臨港鉄道」は、1911（明治44）年に開通し、初代横浜駅と新港埠頭の間を2つの人工島と3つの橋梁によって結んでいました。新港埠頭内に建設された横浜港駅から、臨港鉄道を通して全国へと貨物が運ばれていたのです。また、1920（大正9）年からは、サンフランシスコ航路の出航日にあわせて、ポートトレインと呼ばれる旅客列車も走っていました。

しかし、貨物輸送は徐々に自動車にシェアを奪われ、また海外への渡航は主に飛行機が利用されるようになったことで、臨港鉄道は1987（昭和62）年にその役目を終えることとなります。そして、1997（平成9）年、その跡地約500mに遊歩道が整備され、汽車道として生まれ変わったのです。現在では、みなとみらい地区と横浜赤レンガ倉庫という、横浜観光の2つの拠点をつなぐ主要な動線として、多くの人々が行き交っています。

汽車道では、舗装の一部にかつての臨港鉄道の面影を遺すレールが敷かれているほか、3つの橋梁も遊歩道として活用されています。これらの橋梁は、日本丸メモリアルパーク側からそれぞれ、「港一号橋梁」、「港二号橋梁」、「港三号橋梁」と呼ばれています。

港一号橋梁（写真7）と港二号橋梁は、臨港鉄道時代の橋梁がそのまま活用されたもので、いずれも1907（明治40）年にアメリカン・ブリッジ・カンパニーで製作され、1909（明治42）年に架橋された100フィート鋼トラス橋です。一方、港三号橋梁は、臨港鉄道時代には、1909（明治42）年に川崎造船所兵庫分工場で製作された2連30フィート鈑桁橋でした。しかし現在は、汽車道の整備にあわせてかつての大岡川橋梁の一部が移設されたものが、港三号橋梁と呼ばれています（写真8）。

ところで、汽車道の南側の上空には、2021年（令和3）年4月に運行を開始したロープウェイ「YOKOHAMA AIR CABIN」が走っています。その向こうに広がる北仲通北地区には、明治初期に活躍したイギリス人技師ブラントンが、全国に灯台を整備する際の拠点となった「灯台寮」がありました。2024（令和6）年現在、北仲通北地区では大規模な再開発が進められていますが、灯台寮跡の護岸と波止場突堤※（写真9）は、いまもしっかりと遺されています。

※突堤：陸から海に長く突き出した細長い堤防のこと。

写真8　現在の港三号橋梁

写真9　灯台寮跡の護岸と波止場突堤（写真中央やや下）

写真10　ナビオス横浜と横浜赤レンガ倉庫

新港埠頭と赤レンガ倉庫

汽車道を進むと、ナビオス横浜（横浜国際船員センター）の開口部の向こうに、「横浜赤レンガ倉庫」が見えてきます。ナビオス横浜の開口部によって、まるで赤レンガ倉庫が額縁で周囲から切り取られたような、印象的な景観が演出されています（写真10）。現在では、横浜観光の拠点の一つに数えられる横浜赤レンガ倉庫（写真11）ですが、もとは横浜港の第2期築港工事において建設された新港埠頭の保税倉庫※でした。

開港以降、貿易港として急速な発展を遂げた横浜港では、大型船の接岸できる近代的な港湾施設整備に対する要請が強まります。そこで、1889（明治22）年から、港湾施設の近代化をめざした第1期築港工事が始まり、1894（明治27）年に現在の「大さん橋」の前身となる「鉄桟橋」が竣工し、さらに1896（明治29）年に横浜港を囲むように内防波堤が完工しました。それでも貨物量の急増に追い付かず、横浜港のさらなる拡充に対する要請が強まり、1899（明治32）年から、主に海運と陸運（鉄道）を連絡する施設整備を目的とした第2期築港工事が始

写真11　横浜赤レンガ倉庫

まりました。この築港工事の一環で、新港埠頭や臨港鉄道（現在の汽車道）等が整備されたのです。

新港埠頭の建設は１８９９（明治32）年に始まり、１９１７（大正６）年に竣工しました。我が国初となる本格的な繋船（けいせん）岸壁を備え、艀（はしけ）を介することなく、大型船が直接岸壁から荷役を行うことができるようになりました。そして、この新港埠頭の陸上施設の一つとして建設されたのが、２棟の新港埠頭保税倉庫、現在の横浜赤レンガ倉庫です。

２棟のうち、北側の２号倉庫は、１９０７（明治40）年に着工し、１９１１（明治44）年に竣工しました。一方、南側の１号倉庫は、１９０８（明治41）年に着工し、１９１３（大正２）年に竣工しました。いずれも、日本橋の設計にも携わった妻木頼黄（つまきよりなか）が率いた大蔵省臨時建築部による設計で、鉄道引き込み線のプラットフォームや荷物用のエレベーター等の設備を備えたレンガ造３階建ての建築物です。１９２３（大正12）年の関東大震災で1号倉庫の中央部分が倒壊し、現在ではほぼ半分の規模に縮小されていますが、２号倉庫は倒壊を免れ、現在でも建設当初の規模を保っています。

第二次世界大戦後、赤レンガ倉庫は一時ＧＨＱに接収され、アメリカ軍の事務所や食堂として使用されたため、倉庫としての機能は停止していましたが、接収解除後は再び港湾倉庫として使用されました。しかし、海上輸送のコンテナ化に伴い、大型コンテナ船に対応した新たな埠頭が整備されたことなどから、１９７０年代半ばごろから新港埠頭における取扱貨物量が激減し、赤レンガ倉庫の港湾倉庫としての役割も低下しました。そしてついに、１９８９（平成元）年に倉庫としての役目を終えました。

その後、１９９２（平成４）年に、保全・活用を前提として、横浜市が国から赤レンガ倉庫の土地と建物を取得し、大規模な修復工事を実施しました。そして、2002（平成14）年に、1号倉庫はホールなどを備えた文化施設として、一方、2号倉庫はレストランやショップが並ぶ商業施設として、それぞれリニューアルオープンしました。

※保税倉庫：税関に対して輸入手続きの済んでいない外国貨物を一時的に保管する倉庫のこと。

幕末の記憶を伝える象の鼻

さて、赤レンガ倉庫をあとに、大さん橋方面へと歩を進めましょう。新港埠頭から南へ少し行くと、橋面の舗装にレールが敷かれた「新港橋梁」（写真12）に出会います。横浜市の認定歴史的建造物でもある新港橋梁は、かつて新港埠頭から延びていた貨物鉄道に架けられていた鉄道橋です。大蔵省臨時建築部の設計による鋼ワーレントラス橋で、1912（大正元）年に竣工しました。

新港橋梁を渡りきると、進行方向左手には、2009（平成21）年に横浜開港150周年記念事業の一環で整備された「象の鼻パーク」が広がっています（写真13）。〝象の鼻〟というのは、幕末に整備された、まさしく象の鼻のように長く湾曲した形状の波止場をさす愛称です。

写真12　新港橋梁

開港当初、横浜村のほぼ中央の海岸沿いには、現在の横浜税関の前身にあたる神奈川運上所※（のち、横浜運上所）が置かれていました。現在の神奈川県庁舎のあたりです。この運上所の北側には、2本の突堤が築かれていました。それらは、横浜開港の前年にあたる1858（安政5）年に築かれたもので、横浜港で最初の波止場です。当時、運上所を境に東側が外国人居留地、西側が日本人居留地と定められていたことから、2本の突堤のうち東側は外国貿易、西側は国内貨物用に使用されていました。築造当初の突堤の規模は、いずれも長さ60間、幅10間であったと言われています。

これらの突堤は、1866（慶応2）年に発生した「豚屋火事」と呼ばれる大火後の1867（慶応3）年に、停泊する船が波の影響を受けにくいよう、直線であったものが突堤間の海面を抱きかかえるように湾曲した形状に延長され、船溜まりを形成しました。特に東側の突堤の形状が象の鼻を想起させることから、いつしかこの波止場が「象の鼻」と呼ばれるようになったのです。

1894（明治27）年に、現在の大さん橋の前身となる鉄桟橋が東側の突堤に隣接して建設されましたが、船溜まりの形状はそのまま遺されました。1923（大正12）年の関東大震災では、象の鼻も大きな被害を受け、復旧に際してやや直線に近い形状に改修されましたが、船溜まりとしての機能は維持

写真13　象の鼻パーク

されました。そして現在、船溜まりの周辺は象の鼻パークとして横浜港を見渡すことのできる公園に生まれ変わりました。また、象の鼻パークの整備に際して、東側の突堤は明治20年代後半の姿に復元され（写真14）、かつての船溜まりの面影もしのぶことができます。

※運上所：幕末から明治初年に開港場に設置された輸出入貨物の取り締まりや関税の徴収などを行った役所のこと。のちに税関に改称された。

横浜の表玄関　大さん橋

象の鼻パークの東に隣接して、まるでクジラの背のように、長く海に突き出た巨大な桟橋が「大さん橋」です（写真15）。国内外の大型豪華客船が接岸する大さん橋は、まさに横浜の表玄関と言えるでしょう。

現在の「大さん橋」の前身となる「鉄桟橋」は、港湾施設の近代化をめざした横浜港第1期築港工事の一環で、イギリス人技師パーマーの設計に基づき、１８９４（明治27）年に竣工しました。長さ４５０ｍ、幅員19ｍで、その建設にあたっては、基礎に先端が螺旋状になった大型の螺旋杭が用いられ、それらは人力で海底にねじ込

写真14　象の鼻の由来となった突堤（現在）

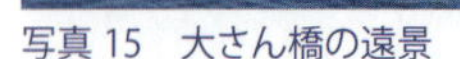
写真15　大さん橋の遠景

まれました。こうした螺旋杭は、関東大震災の復旧工事でも使用され、その実物は大さん橋の袂に屋外展示されています（写真16）。この螺旋杭を実際に目にすると、人力で杭を海底にねじ込むことがいかに大変な工事であったか、まさに先人の苦労が偲ばれます。

新港埠頭が建設された第2期横浜港築港工事では、鉄桟橋の拡張工事も行われ、1917（大正6）年に竣工しました。この工事で、桟橋の幅員はおよそ2倍の約41mに拡幅されました。その後、関東大震災の復旧工事や1964（昭和39）年の東京オリンピックにあわせた改修工事を経て、1989（平成元）年から大規模な改修事業が行われ、2002（平成14）年に新たな大さん橋国際客船ターミナルが完成しました。

ターミナルは、地下1階、地上2階の鉄骨造で、屋上は波のうねりをイメージした、ゆったりとした山なりの特徴的なデザインとなっています。屋上には、天然芝の緑地やウッドデッキもあり、横浜港と横浜のまちを見渡すことのできるのびやかで開放的な空間が広がっています（写真17）。

写真16　大さん橋の基礎に用いられた螺旋杭

写真17　大さん橋の屋上デッキ

海辺のプロムナードから臨海公園へ

大さん橋の東側の海岸線には、多くの人々で賑わう「山下公園」が広がっています（写真18）。山下公園は、開港当初に設定されていた外国人居留地前面の海岸線に沿って整備された公園です。

かつて、海岸沿いの通りは居留外国人から「THE BUND（バンド）」と呼ばれ、海辺のプロムナードとして親しまれていました。

ところが、１９２３（大正12）年の関東大震災により、居留地一帯も大きな被害を受け、バンドの前面の海岸線は、震災瓦礫の集積場に指定されました。この集積された瓦礫を用いて、海岸沿いを埋め立てるように建設されたのが山下公園です。

山下公園は、幅約90m、延長約７７０m、面積約７４，０００㎡の規模で１９３０（昭和５）年に開園しました。公園の護岸は間知石（けんちいし）※で積まれ、海に突き出すように楕円形のバルコニーも築かれました（写真19）。

現在、山下公園からは、大さん橋や横浜ベイブリッジをはじめとして、横浜港を一望することができます。

写真 18　山下公園

写真 19　山下公園の護岸とバルコニー

※間知石：石積みに用いる四角錘形の石材のこと。日本独特の形状で、面と呼ばれる四角錘の底面が石積みの表になるように積まれる。

日本三大中華街の一つ　横浜中華街

山下公園の中央口から南西へ少し歩くと、極彩色でひと際目を引く「朝陽門」（写真20）が姿を現します。朝陽門は、日本の三大中華街の一つ「横浜中華街」の東の入口にあたります。横浜中華街には、〝牌楼〟と呼ばれる門が10基設置されています。なかでも、東西南北の4門には四神相応に基づき方位を司る守護神が宿され、各門は神に対応する色に塗られています。

かつては南京町と呼ばれていた横浜中華街のはじまりは、幕末の開港までさかのぼります。１８５９（安政６）年の開港以来、外国人居留地をめざして諸外国から次々と商人が訪れましたが、その中には中国人も多く含まれていました。厳密に言えば、１８７１（明治４）年の日清修好条規が締結されるまで中国人は無条約国人であり、外国人には含まれず、居留地の借地権を有していませんでしたが、欧米人から再借することで居留地に集住していました。１８６７（慶応３）年には６６０人、１８８０年頃には２、５００人の中国人が居留地に暮らしていたとされます。当初、中国人の多くは、買弁と呼ばれる貿易の仲介業や両替商、さらに雑貨や食材等の店舗を営んでおり、料理店はそれほど多くなかったと

写真 20　青色に塗られた朝陽門

されます。その後、次第に料理店が増え、現在のような中華料理店が建ち並ぶ中華街が形成されました（写真21）。

実は、横浜中華街の街路網は、周辺の街路網から約45度ずれて配置されています。外国人居留地が整備される以前、現在の中華街が広がる場所は、江戸時代に新田開発された「横浜新田」と呼ばれる水田でした。この水田が、開港後に居留地の一部として取り込まれ、その際、水田の水路や畦道を継承しつつ街路網が整えられた結果、周辺から約45度傾いた街路網になったと言われています。

おそらく、外国人居留地の整備を急いでいた当時、低湿地の宅地造成にあたり、大規模な基盤整備を行うよりも、既存の水路や畦道を生かして宅地造成をしたほうが、排水面などで効率的だったのでしょう。

写真21　料理店が建ち並ぶ中華街のまちなみ

賑わい続ける元町商店街

横浜中華街の南には、不死鳥のモニュメントが印象的な「元町ショッピングストリート」が広がっています。

元町では、「元町通り街づくり協定」に基づき、沿道建築物の1階部分を後退させて歩行者空間を広げたり、店舗の看板・広告物の規模やデザインを規制したり、さらに車道を蛇行させて車の速度を落とさせ、歩行者優先の通りを創り出すなど、まさに商店街におけるまちづくりの手本となる取組みが展開されています（写真22）。

元町のはじまりも、中華街と同じく幕末の開港までさかのぼります。外国人居留地が建設された場所には、開港以前は横浜村の村民が暮らしていました。この村民が、外国人居留地の建設に伴い、立ち退きを余儀なくされ、移り住んだ場所が現在の元町にあたります。横浜村の村民は、もともと漁業や農業に従事していましたが、移転先がちょうど山手と山下の両外国人居留地に挟まれた場所であったことから、外国人の往来が多く、徐々にそうした外国人を対象とした商人や職人の町として発展していったのです。

現在も多くの来街者で賑わう元町ですが、かつての賑わいの様子も、多数の絵葉書や古写真に見ることができます。

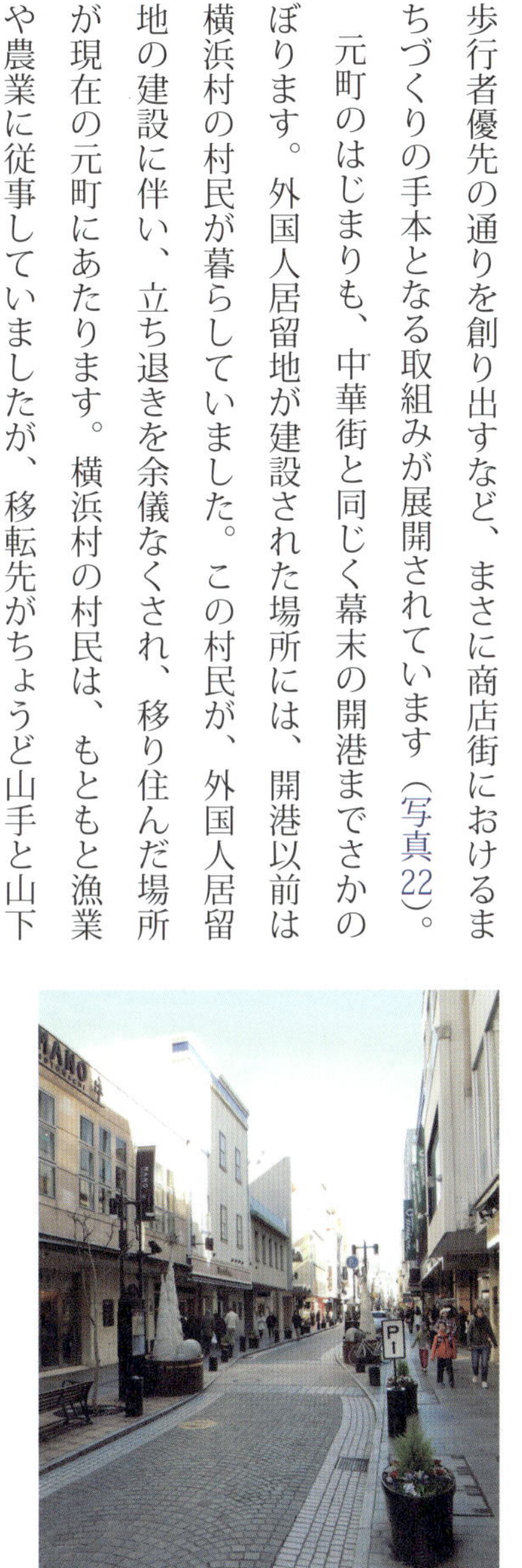

写真22　元町ショッピングストリート

関内・関外の舟運網

ここまで度々話題に上ってきた外国人居留地一帯は、かつて「関内」と呼ばれていました。この呼称は居留地廃止後も継承され、現在でも使われ続けています。関内というのは、外国人居留地が文字通り関門の内側にあったことに由来します。江戸幕府は、横浜の外国人居留地建設に際し、長崎の出島のように周囲に河川や掘割運河をめぐらし、居留地の内外を分断しました。居留地へは、河川や掘割運河に架かる4本の橋梁、具体的には「吉田橋」、「谷戸橋（やとばし）」、「前田橋」、「西之橋」のそれぞれに設けられた関門を通らねばならず、この関門の居留地側を「関内」、居留地と反対側を「関外」と呼んだのです。

元町の北側、中華街との境界を流れる「堀川」も居留地を囲む掘割運河の一つで、堀川には谷戸橋、前田橋、西之橋の3橋が架けられていました。この堀川は、現在は1984（昭和59）年に開通した首都高速神奈川3号狩場線の高架橋に蓋をされたような状態ですが（写真23）、かつては多くの船が往来する重要な舟運路でした。

1859（安政6）年の開港以来、横浜港は日本最大級の国際貿易港へと成長し、それに伴い内陸の舟運路も発達しました。関内・関外地区の舟運路も、1897（明治30）年頃までに整えられました。これらの舟運路は、人や物を運ぶ輸送路として大いに利用され、なかでも主要な舟運路である堀割川や中村川、堀川、派大岡川には汽船や帆船が往来していました。また、河岸にはさまざまな物資を取り扱う商店や倉庫が建ち並び、水辺は活況を呈していました。

ところが、戦後の陸上交通の発達に伴い、関内・関外地区の水運は衰退に向かいました。派大岡川の上には、1964（昭和39）年に桜木町〜磯子間で開通したJR東日本根岸線が高架で通され、さらに

写真23　首都高に蓋をされた堀川

首都高速神奈川1号横羽線建設のため、1971（昭和46）年から派大岡川の埋め立てがはじまり、1977（昭和52）年の開通までに派大岡川の水面は完全に姿を消しました。一方、1968（昭和43）年には、横浜市営地下鉄建設のために吉田川および新吉田川の埋め立てがはじまり、埋め立て後の地上部は「大通り公園」（写真24）として整備されました。

こうして、関内・関外地区のほとんどの舟運路は埋め立てられ、あるいはその機能を奪われ、舟運で賑わっていた当時の面影はすっかり失われてしまいました。しかし、街路網や公園の形状には、かつての河川や掘割運河の流路の痕跡を読み取ることができるほか、交差点やバス停の名称、さらに市営地下鉄の駅名等に、かつての橋梁名が冠されたものも多くあります。たとえ形は失われても、都市構造や地名等に、まちの記憶が受け継がれていることがわかります。

写真24　大通り公園

関東大震災と横浜の復興

さて、元町とその南の山手地区には、関東大震災からの復興に際して建設されたインフラがいまに受け継がれています。最後に、震災復興によって整備され、現在も私たちの暮らしを支え続ける現役の土木遺産を見て歩きましょう。

1923（大正12）年9月1日に発生した関東大震災では、横浜も甚大な被害を受けました。横浜市の死者・行方不明者数は2万6千人以上、住家の被害棟数は3万5千棟に上りました。

震災復興にあたり、焼失面積300万坪のうち、およそ3分の1にあたる104万坪で区画整理が行われたほか、街路事業として国施行13路線、市施行10路線の街路が整備されました。また、国施行の公園事業として、日本初の臨海公園である山下公園とともに、野毛山公園と神奈川公園が整備されました。さらに、橋梁事業として国施行37橋、市施行141橋が架けられ、これらは震災の経験に基づき耐震・耐火構造で設計されました。なお、これらの震災復興橋梁のうち40橋が現存しています。

谷戸橋と西之橋

横浜高速鉄道みなとみらい線の元町・中華街駅の元町側地上出口を出て元町商店街へ向かうと、商店街の入口付近の右手に、堀川を渡す「谷戸橋」（写真25）が見えてきます。

初代の谷戸橋は、1859（安政6）年の横浜開港に際し、外国人居留地の整備に伴い架橋されました。

震災以前は、現在よりも下流に架けられていましたが、震災で崩壊し、復興にあたり現在の位置に架け替えられました。親柱が特徴的な現在の谷戸橋は、橋長29m、幅員15m、上路式3ヒンジ鋼アーチ構造で、

写真25　谷戸橋

横浜市土木局の設計に基づき1927（昭和2）年に竣工しました。

谷戸橋から元町商店街を抜けると、右手に谷戸橋よりやや幅員の広い橋梁が見えてきます。谷戸橋と同じく震災復興にあたり架橋された「西之橋」（写真26）です。

写真26　西之橋

こちらも親柱が特徴的な現在の西之橋は、橋長32・8m、幅員22m、上路式2ヒンジ鋼アーチ構造で、横浜市土木局の設計に基づき1926（大正15）年に竣工しました。ちなみに、架け替え前の「旧西之橋」は、1893（明治26）年竣工のピン結合プラットトラス※鉄橋で、震災復興の架け替えにあたり、1927（昭和2）年に堀川上流の中村川の「扇橋」として転用され、その後1989（平成元）年にさらに上流の「浦舟水道橋」として移設保存されました。

※プラットトラス橋：斜材の向きが中央に向かって下向き（逆ハの字）になっているトラス橋のこと。

2本の山手隧道と櫻道橋

西之橋から南へ歩を進めると、南方面車線と北方面車線で道路が二手に分かれています。その先には、それぞれトンネルの坑門がのぞいています。南へ向かって右手が「山手隧道」、左手が「第二山手隧道」

写真27　第二山手隧道の坑門（北側）

です。この2本の山手隧道のうち、先に完成したのは１９１１（明治44）年竣工の第二山手隧道で、あとから完成したのが震災復興にあたり建設された１９２８（昭和３）年竣工の山手隧道です。

第二山手隧道（写真27）は、もともと横浜電気鉄道本牧線の軌道専用トンネルとして建設されました。延長２７６ｍの第二山手隧道は、建設当初は「本牧隧道」と呼ばれていました。ところが、高度経済成長期の急速なモータリゼーションの進展を背景として、１９７３（昭和47）年に電気軌道は廃止され、本牧隧道は道路トンネルとして転用されたのです。この時すでに、並行して道路トンネルである山手隧道が開通していたことから、その名称が本牧隧道から第二山手隧道へと変更されました。

一方、山手隧道（写真28）は、震災復興にあたり元町・石川町方面と麦田町・本牧方面を結ぶ道路トンネルとして、内務省復興局の設計に基づき建設されました。大断面掘削を可能にした当時の先端技術の導入により、延長２１９ｍ、幅員10ｍという大規模な隧道が完成し、その後の本牧地区の発展を支えてきました。

写真28　櫻道橋（手前）と山手隧道の坑門（奥）

山手隧道は、規模が大きいだけでなく、坑門の意匠にも繊細な配慮がなされています。コンクリート造の坑門は、トンネルの断面形状である欠円形を縁取るように、壁面全体に化粧石張りが施されています。特に南側の坑門は、復興にあたり隣接して架橋された「櫻道橋」と調和した意匠を誇っています。

山手隧道の南側の坑口を出ると、すぐ正面に跨道橋（こどうきょう）が架けられています。先ほども触れた、「櫻道橋」（写真28）です。櫻道橋は、橋長14・8m、幅員6・3m、上路式鉄筋コンクリートアーチ構造で、内務省復興局の設計に基づき1928（昭和3）年に竣工しました。

櫻道橋の橋名は、この橋を通る街路が「櫻道」と呼ばれることに由来します。櫻道は、山手地区が外国人居留地であった頃に遊歩道として整備され、沿道に桜が植えられていたことからその名が付けられたと言われています。櫻道橋は、山手隧道の建設に際し、この櫻道の分断を避けるために架橋されました。

櫻道橋の意匠は、山手隧道の坑門と同様に、鉄筋コンクリートアーチの表面に化粧石張りが施されており、まるでトンネル坑門とアーチ橋が兄弟であるかのように向かい合っています。また、櫻道橋では、橋台から親柱まで一体感のある石張りの意匠やアーチライズ比※を抑えた扁平アーチの形状が、ともすると圧迫感が強くなりがちな跨道橋にあって、実にすっきりとした印象を与えています。

※アーチライズ比：アーチ部の長さ（スパン）に対する高さ（ライズ）の比のこと。

切通しを跨ぐ打越橋

櫻道橋から西に向かってしばらく進み、山元町（やまもとちょう）の交差点を北へ折れると、正面に朱色のアーチ橋が見えてきます。同じく震災復興にあたり架橋された跨道橋の「打越橋」（写真29）です。

打越橋は、橋長38・4m、幅員8・6m、上路式2ヒンジ鋼ランガー構造で、横浜市土木局の設計に基づき1928（昭和3）年に竣工しました。打越橋は、アーチライズ比が大きく、また厚みのあるアーチリブと彩度の高い朱色の外観から、上に凸な印象の強い、いわばランドマークのような存在感を誇っています。

打越橋をくぐってしばらく進むと、堀川の上流にあたる中村川、そして再び関内地区にたどり着きます。

写真29　打越橋

ここまで、みなとみらい地区から山手地区まで、港町横浜の発展を支え続けてきた土木遺産を見て歩きました。先人が遺してくれたストックを現在のまちづくりに活かすことで、港町の風情を演出する、横浜らしいまちづくりの一端を垣間見ることができたのではないでしょうか。

横浜には、ここでは紹介しきれなかった数多くの土木遺産が息づいています。たとえば、日本大通り（写真30）や横浜公園といった外国人居留地における近代都市計画の遺産は、現在の横浜でも貴重な都市のストックとして受け継がれています。また、上下水道やガス、電信、電気といったライフラインには、横浜発祥の近代技術も少なくありません。さらに、イセザキモールや馬車道商店街などの歴史ある商店街には、まちづくりの好事例が蓄積されています。
　こうしたまちの歴史を大切にして、それらを上手にまちづくりに活かしている横浜には、他の都市にはない魅力があふれています。そうした多彩な魅力を味わいに、港町横浜に訪れてみてはいかがでしょうか。

写真 30　日本大通り

〈参考文献〉

都市形成史調査委員会：『港町・横浜の都市形成史』、横浜市企画調整局、１９８３
土木学会土木史研究委員会編：『図説 近代日本土木史』、鹿島出版会、２０１８
横浜開港資料館編：『横浜・歴史の街かど』、神奈川新聞社、２００２
横浜開港資料館・横浜市歴史博物館編：『開港場　横浜ものがたり』、横浜開港資料館・横浜市歴史博物館、１９９９
横浜市都市計画局都市デザイン室編：『都市の記憶―横浜の土木遺産』、横浜市、１９８８

コラム：ブラフ積擁壁（ようへき）

コラム写真1　ブラフ積擁壁（横浜市認定歴史的建造物「山手 133 番ブラフ積擁壁」）

横浜では、関内地区のほかに山手地区にも外国人居留地が置かれていました。現在でも洋館が建ち並ぶ山手地区には、「ブラフ積擁壁」と呼ばれる石積擁壁（コラム写真1）が広く分布しています。

幕末から明治初めにかけて、外国人居留地として基盤整備が進められた山手地区は、関内地区の南側、標高 10 ～ 40m ほどの切り立った段丘に立地しています。その地形特性から、山手地区は居留外国人に「THE BLUFF」（断崖）と呼ばれており、これがブラフ積擁壁の命名の由来となっています。

こうした起伏の大きい段丘に立地する山手地区で、街路の開削や宅地造成に伴う土留のために築造されたのがブラフ積擁壁です。

ブラフ積擁壁の構造は、城郭に見られるような近世までの石積とは異なり、直方体の石材（房州石や大谷石）を積層させる組積造で、煉瓦積でいうところのフランス積み※に似た整層切石積です（コラム写真 2）。おそらく、当時としては、外国人居留地ならではのめずらしい積み方だったのではないでしょうか。

コラム写真2　ブラフ積擁壁の積み方

山手地区の洋館めぐりの折に、少し視野を広げて、ブラフ積擁壁を探してみてください。洋館の足元をしっかりと支え、山手地区の成り立ちを伝えるブラフ積擁壁に出会うと、まち歩きがさらに楽しくなるかもしれません。

※フランス積み（煉瓦）：煉瓦の積み方の一つで、一段のうちに煉瓦の長手と小口とを交互に並べる工法で、美観に優れた工法とされた。

おわりに

幼いころ、祖父に手を引かれ、東京のあちこちへ〝さんぽ〟に連れて行ってもらいました。いまでも時折、東京のまちを歩きながら、その頃のことを思い出します。

私のお気に入りは、かつて万世橋駅跡にあった交通博物館でした。交通博物館へ向かう道すがら、総武線の車窓から眺める御茶ノ水の掘割(神田川)は、いまよりもだいぶ水質が悪く、いつも抹茶色に濁っていました。「川の水がお茶の色だから御茶ノ水なの？」と、祖父に尋ねたことを覚えています。御茶ノ水の地名の由来を知ってか知らずか、祖父は私の質問に、ただニコニコと笑顔を向けるだけでした。

あれからもう半世紀が経とうとしています。その間、東京のまちなみは大きく変わりました。しかし、私たちの暮らしを支えるインフラは、いまも変わらず、その役割を果たし続けています。もちろん、御茶ノ水の掘割も、ほぼ当時のままの姿をとどめています（水質はずいぶん良くなりました）。変わるものと変わらないもの、そうした新旧が共存するまちの多様性こそ、東京の魅力なのではないでしょうか？

最近は、手のひらの中の小さなデバイスに心を奪われ、車窓から風景を眺めたり、のんびりまちを見て歩いたりする機会がすっかり減ってしまいました。しかし、手のひらから少し目線を上げて周りを見渡せば、きっと、今まで気づかなかったまちの魅力を発見できるはずです。もしかすると、まちに埋め込まれた思い出も、時を超えて共有できるかもしれません。この『土木遺産さんぽ』が、そうした豊かな時間を過ごす一助となれば幸いです。本書を手に、ぜひご家族やご友人と一緒に、東京のまちへ〝さんぽ〟に出かけてみてください。

本書は、２０２２（令和４）年に惜しまれながら休刊した『月刊　土木技術』に、２０１４（平成26）年から２０１８（平成30）年にかけて掲載された「見て歩き土木遺産」の各記事をリバイスしたものです。土木遺産を軸に、まちの歴史を訪ねる2時間程度のさんぽコースの紹介という少々無理のある企画でしたが、多くの方々の支えもあり、なんとか22コースをまとめることができました。多彩な土木遺産が集積する東京では、他にもまだまだたくさんのコースを組み立てることができるはずです。みなさんもぜひ、オリジナルのさんぽコースを組み立ててみてください。

最後になりますが、刊行にあたり、本書を出版に導いてくださった緒方英樹さんや幸野友浩さんをはじめとする理工図書のみなさん、マップ作製や写真撮影、資料収集に協力してくれた鈴木杏子さん、會田龍一郎さん、中山大輔さんほかの学生諸子、そして、執筆を温かく見守ってくれた（部屋中に資料が散乱することを黙認してくれた）、木綿子、匠真、佑里香に、心から感謝します。ありがとうございました。

さて、私も家族を誘って、さんぽに出かけたいと思います。一緒に来てくれるかなぁ～

２０２４（令和６）年10月　　阿部貴弘

阿部 貴弘（あべ・たかひろ）

日本大学 理工学部 まちづくり工学科　教授。
1973年東京都生まれ。1996年東京大学工学部土木工学科卒、1999年同大学院工学系研究科社会基盤工学専攻修士課程修了。博士（工学）。技術士（建設部門 都市及び地方計画）。パシフィックコンサルタンツ株式会社、国土交通省国土技術政策総合研究所、日本大学理工学部准教授を経て、2018年4月より現職。2019年6月から2020年7月までハワイ大学アメリカ学科客員研究員として米国ハワイ州に滞在。2012年からNHK文化センター青山教室「土木遺産を訪ねて」の講師も務める。専門は、都市史、土木史、景観。土木学会研究業績賞、土木学会デザイン賞、グッドデザイン賞ほか受賞。著書に『図説 近代日本土木史』（共著、鹿島出版会）など。

土木遺産さんぽ　～まち歩きで学ぶ　江戸・東京の歴史～

2024年12月25日　初版第1刷発行

著　者　阿部貴弘

発行者　柴山斐呂子

発行所　理工図書株式会社

〒102-0082　東京都千代田区一番町27-2
電話 03（3230）0221（代表）
FAX 03（3262）8247
振替口座　00180-3-36087番
https://www.rikohtosho.co.jp
お問合せ info@rikohtosho.co.jp

ISBN 978-4-8446-0951-3

印刷・製本　丸井工文社